新光传媒◎编译

Eaglemoss出版公司◎出品

FIND OUT MORE

动物的多样性

石油工業出版社

图书在版编目（CIP）数据

动物的多样性 / 新光传媒编译. —北京：石油工业出版社，2020.3

（发现之旅. 动植物篇）

ISBN 978-7-5183-3147-5

Ⅰ. ①动… Ⅱ. ①新… Ⅲ. ①动物—普及读物 Ⅳ. ①Q95-49

中国版本图书馆CIP数据核字（2019）第035405号

发现之旅：动物的多样性（动植物篇）

新光传媒　编译

出版发行：石油工业出版社

（北京安定门外安华里 2 区 1 号楼　100011）

网　　址：www.petropub.com

编 辑 部：（010）64523783

图书营销中心：（010）64523633

经　　销：全国新华书店

印　　刷：北京中石油彩色印刷有限责任公司

2020 年 3 月第 1 版　2020 年 3 月第 1 次印刷

889×1194 毫米　开本：1/16　印张：8

字　　数：105 千字

定　　价：36.80 元

（如出现印装质量问题，我社图书营销中心负责调换）

编辑说明

“发现之旅”系列图书是我社从英国 Eaglemoss（艺格莫斯）出版公司引进的一套风靡全球的家庭趣味图解百科读物，由新光传媒编译。这套图书图片丰富、文字简洁、设计独特，适合 8 ~ 14 岁读者阅读，也适合家庭亲子阅读和分享。

英国 Eaglemoss 出版公司是全球非常重要的分辑读物出版公司之一。目前，它在全球 35 个国家和地区出版、发行分辑读物。新光传媒作为中国出版市场积极的探索者和实践者，通过十余年的努力，成为“分辑读物”这一特殊出版门类在中国非常早、非常成功的实践者，并与全球非常强势的分辑读物出版公司 DeAgostini（迪亚哥）、Hachette（阿谢特）、Eaglemoss 等形成战略合作，在分辑读物的引进和转化、数字媒体的编辑和制作、出版衍生品的集成和销售等方面，进行了大量的摸索和创新。

《发现之旅》（*FIND OUT MORE*）分辑读物以“牛津少年儿童百科”为基准，增加大量的图片和趣味知识，是欧美孩子必选科普书，每 5 年更新一次，内含近 10000 幅图片，欧美销售 30 年。

“发现之旅”系列图书是新光传媒对 Eaglemoss 最重要的分辑读物 *FIND OUT MORE* 进行分类整理、重新编排体例形成的一套青少年百科读物，涉及科学技术、应用等的历史更迭等诸多内容。全书约 450 万字，超过 5000 页，以历史篇、文学 · 艺术篇、人文 · 地理篇、现代技术篇、动植物篇、科学篇、人体篇等七大板块，向读者展示了丰富多彩的自然、社会、艺术世界，同时介绍了大量贴近现实生活的科普知识。

发现之旅（历史篇）： 共 8 册，包括《发现之旅：世界古代简史》《发现之旅：世界中世纪简史》《发现之旅：世界近代简史》《发现之旅：世界现代简史》《发现之旅：世界科技简史》《发现之旅：中国古代经济与文化发展简史》《发现之旅：中国古代科技与建筑简史》《发现之旅：中国简史》，主要介绍从古至今那些令人着迷的人物和事件。

发现之旅（文学·艺术篇）：共 5 册，包括《发现之旅：电影与表演艺术》《发现之旅：音乐与舞蹈》《发现之旅：风俗与文物》《发现之旅：艺术》《发现之旅：语言与文学》，主要介绍全世界多种多样的文学、美术、音乐、影视、戏剧等艺术作品及其历史等，为读者提供了了解多种文化的机会。

发现之旅（人文·地理篇）：共 7 册，包括《发现之旅：西欧和南欧》《发现之旅：北欧、东欧和中欧》《发现之旅：北美洲与南极洲》《发现之旅：南美洲与大洋洲》《发现之旅：东亚和东南亚》《发现之旅：南亚、中亚和西亚》《发现之旅：非洲》，通过地图、照片和事实档案等，逐一介绍各个国家和地区，让读者了解它们的地理位置、风土人情、文化特色等。

发现之旅（现代技术篇）：共 4 册，包括《发现之旅：电子设备与建筑工程》《发现之旅：复杂的机械》《发现之旅：交通工具》《发现之旅：军事装备与计算机》，主要解答关于现代技术的有趣问题，比如机械、建筑设备、计算机技术、军事技术等。

发现之旅（动植物篇）：共 11 册，包括《发现之旅：哺乳动物》《发现之旅：动物的多样性》《发现之旅：不同环境中的野生动植物》《发现之旅：动物的行为》《发现之旅：动物的身体》《发现之旅：植物的多样性》《发现之旅：生物的进化》等，主要介绍世界上各种各样的生物，告诉我们地球上不同物种的生存与繁殖特性等。

发现之旅（科学篇）：共 6 册，包括《发现之旅：地质与地理》《发现之旅：天文学》《发现之旅：化学变变变》《发现之旅：原料与材料》《发现之旅：物理的世界》《发现之旅：自然与环境》，主要介绍物理学、化学、地质学等的规律及应用。

发现之旅（人体篇）：共 4 册，包括《发现之旅：我们的健康》《发现之旅：人体的结构与功能》《发现之旅：体育与竞技》《发现之旅：休闲与运动》，主要介绍人的身体结构与功能、健康以及与人体有关的体育、竞技、休闲运动等。

“发现之旅”系列并不是一套工具书，而是孩子们的课外读物，其知识体系有很强的科学性和趣味性。孩子们可根据自己的兴趣选读某一类别，进行连续性阅读和扩展性阅读，伴随着孩子们日常生活中的兴趣点变化，很容易就能把整套书读完。

目录 CONTENTS

蛛形纲动物

如果一种动物有八条腿，却又不是章鱼，那么它一定是蛛形纲动物。在这类动物中，我们最熟悉的是蜘蛛。它们是高超的吐丝能手和可怕的捕食者。其他奇特的蛛形纲动物还包括全副武装的蝎子和细长腿的盲蛛。

蛛形纲动物与多足动物、甲壳类动物和昆虫纲动物同属于节肢动物门。蛛形纲是节肢动物门的第二大纲，仅次于昆虫纲。

蛛形纲动物有八条腿，而不像昆虫纲动物那样长有六条腿。它们的身体由两部分组成：一部分是愈合在一起的头部和胸部（头胸部）；另一部分是腹部。它们没有触角，也没有翅膀。一些蛛形纲动物没有眼睛；而另外一些，如盲蛛，长有一对眼睛；蜘蛛则通常都长有八只眼睛。不过，除了利用视觉觅食的跳蛛外，蜘蛛的视力一般都比较弱。

与昆虫和甲壳类动物一样，蛛形纲动物的身体也是分节的。它们长着有关节的腿以及坚韧的外骨骼。在成长的过程中，它们会蜕掉老化的外骨骼，换上新的外骨骼。

◀ 这种墨西哥火膝头毛蜘蛛可以通过腹部掉下来的一团纤细的毛，来阻止讨厌的浣熊和其他捕食者的攻击。这团毛能使攻击者的眼睛流泪、鼻子刺痛。一些南美洲的印第安人会把毛蜘蛛烤熟了吃，它们的腿像虾一样，品尝起来异常美味。

八足动物

蛛形纲共有 11 个目。它们的基本身体结构是相同的，但是每个目中的物种看起来都截然不同。蜘蛛的生活环境广泛，从沙漠、洞穴到珠穆朗玛峰上 6700 米的高处，甚至在水中都有分布。全世界已知的蛛形纲动物有 5 万多种，在形态和习性上都千差万别。例如，生活在南美洲的多毛的歌利亚毛蜘蛛，足的跨度能达到 28 厘米，而细小的华盖蛛在完全长大之后，身长可能也不过 1 毫米。

蝎子是所有陆生节肢动物中最古老的种类，它们的生存年代可以追溯到 4 亿年前。它们的身上长有巨爪（螯），细长的尾巴尖端长有毒刺。它们生活在世界上所有较为温暖的地区，从雨林到沙漠都有它们的踪迹。在它们中间，既有身长 12 毫米的小型蝎子，也有身长超过 18 厘米的非洲帝王蝎。它们在夜里觅食昆虫和其他猎物，利用身上的毒刺将猎物制服。

鞭蝎的外形和蝎子很像，但是它们的螯肢更为短粗一些。它们有着鞭子一样的尾巴，尖端没有毒刺，它们通过靠近背部的腺体中喷射出来的乙酸（食醋）保护自己。在美国，人们因为它们的气味而称它们为醋蝎。

拟蝎只有几毫米长。它们在世界各地都有分布。它们也像蝎子一样长着巨大的螯肢，但是没有尾巴和毒刺。它们用螯把自己挂在苍蝇或者甲虫的腿上来搭“顺风车”。

鞭蛛身体扁平，生活在热带地区，在夜间活动。它们没有尾鞭和毒刺，但是长着巨大而尖利的螯。它们把像鞭子一样的前肢当触角使用。

▲ 恐怖的家蜘蛛是最常见也是最让人讨厌的蜘蛛之一。它会在屋子的角落里到处结网。房间里的这些蜘蛛通常都是雄性的，它们四处爬动寻找配偶。

你知道吗？

蜱虫来了！

蜱虫是许多脊椎动物体表的暂时性寄生虫，是一些人兽共患病的传播媒介。它们通常蛰伏在浅山丘陵的植物上，或寄宿于牲畜、宠物等动物的皮毛间。不吸血时的蜱虫通常如干瘪的绿豆般大，而当它们吸饱血液后，就有饱满的黄豆般大小，大的可达指甲盖大。蜱虫叮咬可使人感染多种疾病，严重的可引发死亡。截至 2011 年 6 月，中国现已发现“蜱虫病”280 多例。因此，一旦发现被蜱虫叮咬，应及时就诊，以免感染疾病。

蛛网是怎样织成的

花园蜘蛛和其他织圆形网的蜘蛛，都能织出完美对称的奇迹般的丝网。为了达到最好的效果，圆网蜘蛛会遵循一套织网程序。

蜘蛛会利用气流将一根纤细的蛛丝搭在两棵植物之间，或者自己携带蛛丝爬上植物，把丝搭好。

它把这根丝拉紧并固定在自己的尾部，然后沿着丝爬，织出第二根更结实的丝，来取代第一根细丝。

蜘蛛再横向织出一条可以下垂的线，然后吐出另一根丝固定在环线的底部和下面的物体之间，形成一个“Y”字形。

运用同样的“Y”字形技巧，它围绕着中心点，织出更多条丝线（辐射线）。

下一步，蜘蛛增加更多的辐射线。它一直持续这个步骤，直到网看上去像一个车轮的轮辐。

蜘蛛转移到网的中心，然后不停地绕圈，纺出许多螺旋形的线，形成密集的网络中心。

然后它呈螺旋形向外移动，织出一些临时的框架线。

最后，它在框架上织出螺旋形的有黏性的线。然后它突然猛拉这些线，网上就出现了许多小结。

▲ 这只彩色的雄性瓢虫蛛正在小心翼翼地接近比它大得多的雌性瓢虫蛛。雄性蜘蛛有许多办法可以保证自己不会被雌性蜘蛛当作猎物吃掉。

致命的相遇

这是发生在悉尼漏斗蛛和蝎子之间的决战。它们都摆出了经典的威胁性姿势。蜘蛛露出了毒牙，蝎子弓起了尾巴。

▲ 跳蛛携带着安全牵引丝从一颗黑莓跳到另一颗黑莓上。图片展示了跳蛛跳跃的三个步骤。

控制质量

大多数蜘蛛的腹部下面都长有三对纺丝器。从这些纺丝器里可以吐出不同质量的丝，用于不同的工作。它们通过转换纺丝器来改变丝线的类型。

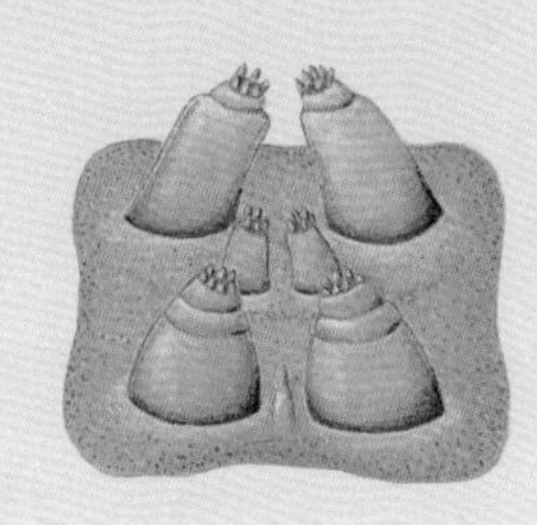

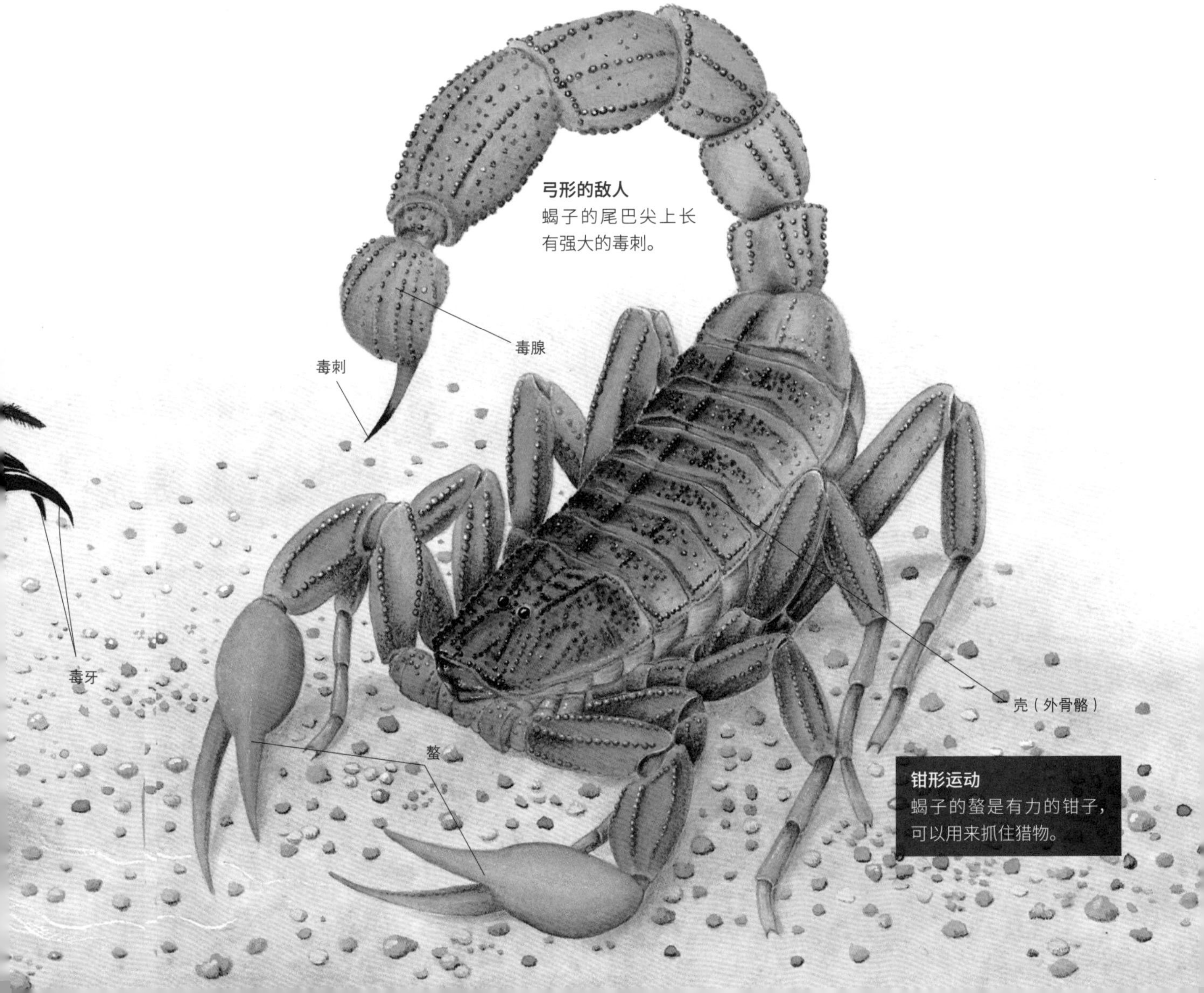

弓形的敌人
蝎子的尾巴尖上长有强大的毒刺。

毒腺

毒刺

毒牙

壳（外骨骼）

螯

钳形运动
蝎子的螯是有力的钳子，可以用来抓住猎物。

▲ 在哥斯达黎加的热带森林里，一只雌蝎子把孩子们背在自己的背上，时刻准备用尾巴上的毒刺来保护它们。

盲蛛在英文中名叫“收割者”，因为它们经常在收割季节大量出现。它们的头胸部与腹部无明显的分隔，身体呈一个整体，长长的纺锤形的足以身体为中心，呈辐射状排列。盲蛛不吐丝，也不分泌毒液。它们主要在夜间出来活动，以小型生物为食。

驼蛛（也称避日蛛）是行动极为快捷的捕食者，生活在温暖干燥的地区（除了澳大利亚外）。它们有着狭窄的腰部、巨大而柔软的腹部及强大的颚。从驼蛛的体形来说，在整个动物王国里，它们的颚可能是最为强劲有力的了。

蜱类是寄生在爬行动物、鸟类和哺乳动物身上的血吸虫。它们吃饱喝足以后，身体会比进食前胖好几倍。

螨类主要以植物和真菌为食，它们生活在世界各地的动物身上，以及水中、落叶层里和土壤里。

求爱和交配

蜘蛛有着非常精彩的求爱表演。雄性蜘蛛的体形通常比雌性蜘蛛小，所以它在接近雌性蜘蛛的时候必须格外小心，以防被雌性蜘蛛吃掉。所以雄性蜘蛛必须很有耐心地向雌性蜘蛛发送信号，让它平静下来。雄性织网蛛会晃动雌性织网蛛的网，诱惑它爬上交配线。目光锐利的跳蛛通过特殊的姿势和舞蹈来展示自己的斑纹。蝎子也以精彩的求爱舞蹈而闻名，雌、雄蝎子会双螯相抵，跳起“华尔兹”。

雄性蜘蛛的触须上长有特殊的性器官，它们通过这种性器官把精液（精囊）传递给雌性蜘蛛。大多数蛛形纲动物都通过精囊繁殖。大多数雌性蜘蛛将卵产在用蛛丝织成的卵袋中，它们一次会产下几只到几百只卵。小蜘蛛（蜘蛛幼虫）从卵中孵化出来并开始成长。典型的蛛形纲动物在一生中会蜕 12 次皮。大多数蜘蛛从卵到成年的生命周期会持续 12 个月左右，但是毛蜘蛛的寿命可达 20 年。

捕食技巧

几乎所有的蛛形纲动物都是捕食者，以昆虫和其他节肢动物为食。一些蜘蛛会织网并等待猎物自投罗网，另一些蜘蛛则会外出觅食。

外出觅食的蜘蛛包括狼蛛、跳蛛和行动迅速的猎人蛛。吐丝的蜘蛛能在迅速地左右摇摆头部的同时，朝猎物喷射出两条有黏性的蛛丝。这种缝纫机式的动作可以用“之”字形的线覆盖住猎物，将猎物“钉”在网上，然后蜘蛛就过来咬下致命的一口。

蜘蛛网是自然工程学的奇迹。蜘蛛能织出许多种类的网，从精美的圆形网到三角形网、不规则网和脚手架形的网。不规则网主要用来捕获像甲虫一样的爬行昆虫，而圆形网则用来捕获

▲ 欧洲筏蛛（也称捕鱼蛛）正在食用一条三脊棘鱼。这种大型湿地蜘蛛主要吃昆虫，有时也吃鱼。它们会坐在水面上，用腿来感觉水的振动，然后冲出水面捕获猎物。

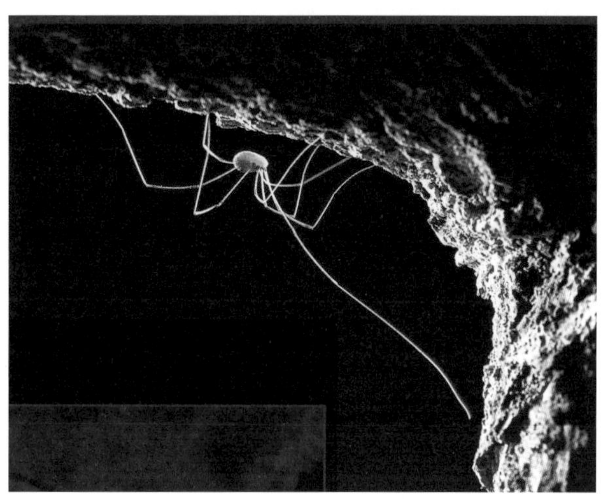

▲ 在一根树干下，盲蛛就像盲人拄着拐棍一样轻轻地敲击着行走。盲蛛的第二对足比其他的足长，这对足被当作触须使用。

蛛网的类型

蜘蛛网有不同的形状和尺寸。下面列举了四种类型：

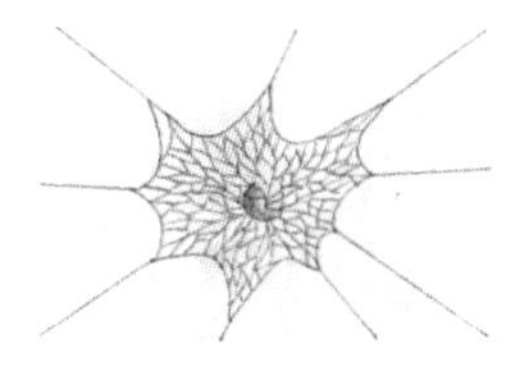

简单的蛛网

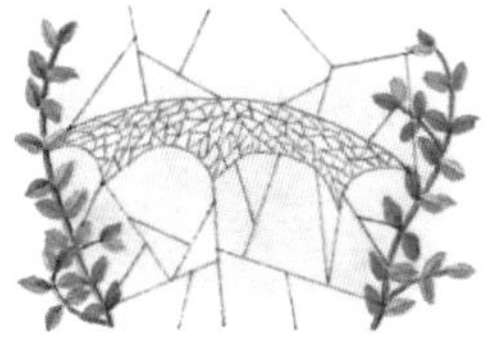

片状蛛网

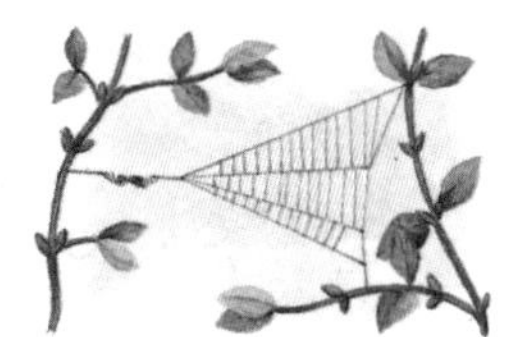

三角形蛛网

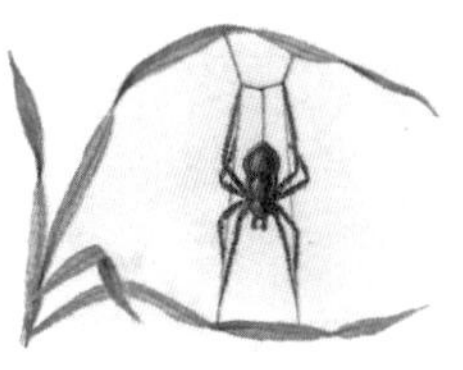

H 形蛛网

▲ 这只非洲巨型红色天鹅绒螨正在慢慢移动，看上去像在地毯上行走的拖鞋一样。许多螨类都会寄生在植物或动物身上，但这种螨却是非寄生种类，它不需要依靠寄主生活。

飞行和跳跃的昆虫。

蜘蛛的丝除了用来织网外，还有许多其他用途。无论蜘蛛走到哪里，它们都会拉出一根蛛丝（牵引丝）来为自己标注一条安全的路线。小型蜘蛛会利用蛛丝移动到远处，它们的蛛网会像降落伞一样飘浮在空中。而许多种类的蜘蛛会躲藏在用蛛丝封口的洞穴里，或者躲藏在用蛛丝做成的活动门下面的隧道里。雌性蜘蛛还会用特殊的蛛丝织成卵袋。

致命体液

除了一个家族外，所有的蜘蛛都有毒腺。毒液通过一对毒牙（螯）释放出来，常被用来攻击和防御，也被用来帮助消化猎物。某些种类，特别是黑寡妇蜘蛛、悉尼漏斗网蜘蛛、巴西漫游蜘蛛和棕色遁蛛，人们如果被它们咬到，蜘蛛的毒液可以作用于人的神经系统，引起身体瘫痪。

毒蝎是人们因被蝎子叮咬而死亡的罪魁祸首。在墨西哥、北非和中东地区，毒蝎最为常见。

棘皮类动物

棘皮类动物因身体表面长有许多棘状突起而得名，这一门动物包括许多古老的海洋动物，比如海星和海胆，它们都比较容易辨认。

棘皮类动物是一种生活在海底、身体呈辐射对称的无脊椎动物。棘皮类动物的身体大多为五辐射对称，最典型的代表就是五角海星。有些海星的腕不止 5 条，有些种类甚至长有 40 条腕。海胆没有腕，身体多为球形。

所有棘皮类动物的身体表面都长有棘状突起或肉刺。它们的内骨骼由许多小骨片组成：有些小骨片彼此形成关节，如同人类的手臂骨和腿骨；有些小骨片愈合在一起，如同人类的头骨。水管系统是棘皮类动物体内所特有的一种管道系统，里面充满了体液，能控制管足的运动。

海星

世界上大约有 1600 种海星。多数海星的体表呈橙色或者黄色，但有些种类为蓝色、紫色、黑色、红色，或者几种颜色的混合色。海星通常都不大，直径为 10 ～ 25 厘米，少数种类直径可达 1 米。有些海星（如面包海星）的腕非常短，与中央盘区分不明显，看上去就像是五边形的靠垫。

海星的口长在中央盘的下表面，周围是成行排列的管足，其末端长有微小的吸盘。水管系统通过改变管足内的水压来控制管足的运动。海星的反口面（中央盘的上表面）通常长有许多棘，有的甚至长有很多令人恐怖的刺，比如，澳大利亚刺冠海星体表的刺长达 3 厘米。

当海星取食蜗牛或者蠕虫时，它们会把食物整个儿吞下去；当海星取食牡蛎或者贻贝时，它们会用一种独特的方式将食物“消灭”掉。海星的胃非常奇特，可以翻至口外。一只饥饿的海星会“骑”在牡蛎或者贻贝的身上，并用管足上的吸盘将它们的双壳拉开，然后立刻将胃翻出并插入裂缝中。当海星的胃在壳内将“猎物”消化以后，海星便将胃缩回体内。

令人惊奇的是，海星的腕断掉之后可以再生。事实上，即便海星的中央盘只剩下 20%，或只留有 1 条腕，也能再生出一只完整的海星。海星多为雌雄异体，排卵和受精均在海水中进行。孵化出来的海星幼虫会在水中浮游一段时间，之后才渐渐发育成成年海星。有些种类的海星能活 30 多年。

▼ 这只太阳海星有10条腕，有的则长有40条腕。太阳海星喜欢觅食软体动物和蠕虫，有时也吃其他海星，甚至能卷起那些体形和自己相当的海星。

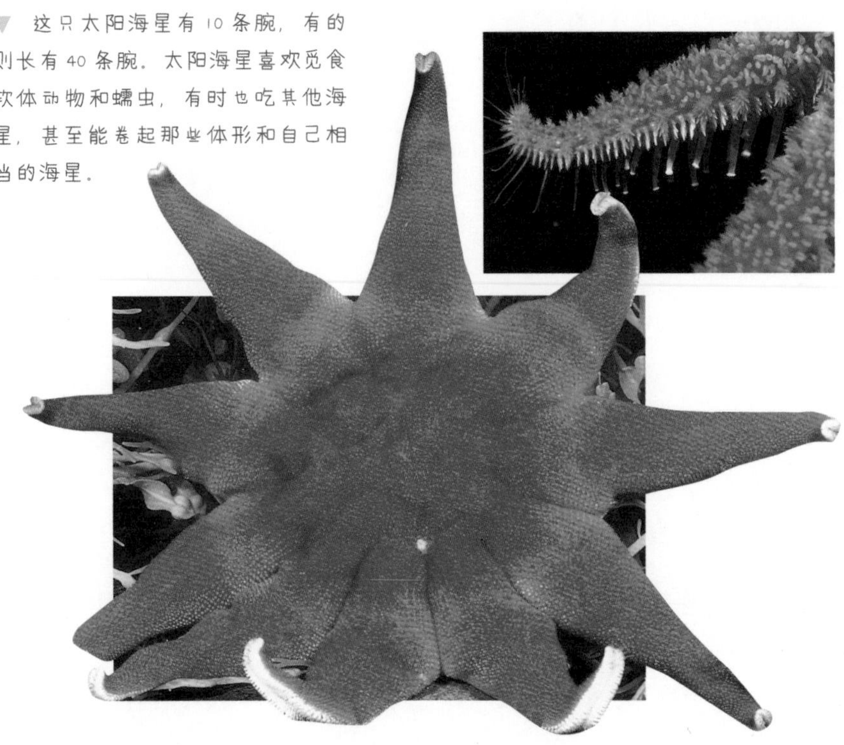

◀ 在海星每条腕的腹面都长有管足，它们在水压的作用下伸展开来。管足的顶端长有微小的吸盘，可以将食物紧紧“抓”住。

海蛇尾

世界上大约有2000种海蛇尾，它们通常生活在泥质海床上，而极少出现在岸边。它们将部分身体埋在柔软的海底沉积物中，而只把腕伸出来滤食海水中的微小生物。

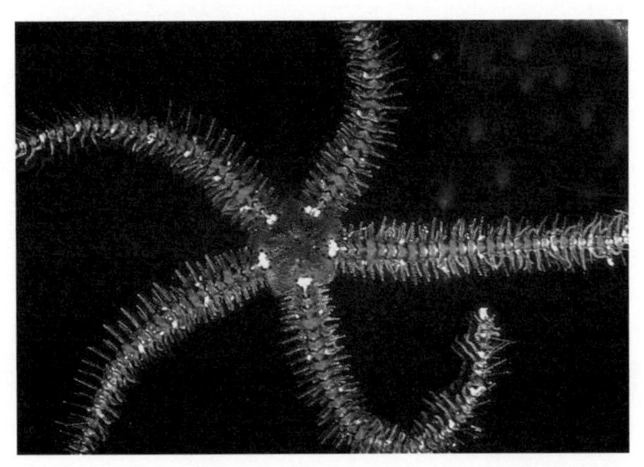

▲ 当海蛇尾受到捕食者的攻击时，它们能将腕断掉以逃离危险。有些海蛇尾试图通过晃动腕部来转移捕食者的注意力，如果这种办法不起作用，它们就将部分腕断掉。被“遗弃”的腕会继续在捕食者面前晃动，海蛇尾则趁机逃走。

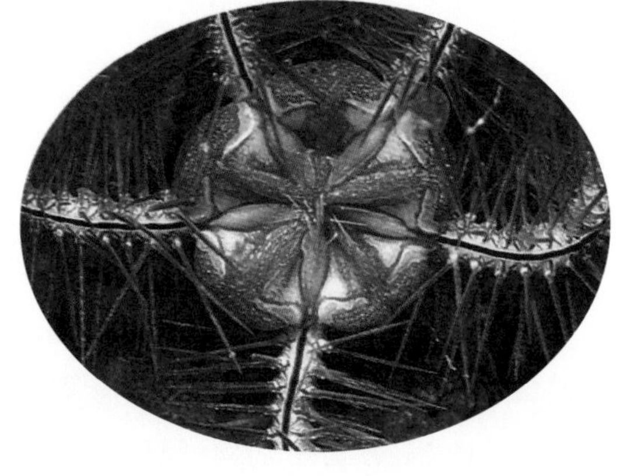

▲ 海蛇尾长有中央盘和腕，看上去很像海星。海蛇尾的腕又细又长，上面长有很多刺。当海蛇尾移动的时候，这些刺能帮助它们“抓”住物体表面。图为海蛇尾的口面。

海蛇尾的外形与海星相似，也长有中央盘和腕。海蛇尾的腕又细又长，而且非常灵活，这使得海蛇尾能够四处移动（海蛇尾的管足已经退化）。

海胆

海胆的种类多达900余种，它们的身上长有许多刺，看上去就像刺猬。海胆刺的形状多种多样。石笔海胆的刺又粗又钝，可以帮助石笔海胆挤进礁石的裂缝中。刺冠海胆的刺又长又尖，如果有人不小心被刺伤，会感到疼痛难忍。刺进肉里的刺冠海胆刺不易被拔除干净，并且会引起中毒，严重时能致人死亡。因此，对游泳者和潜水者来说，靠近热带海域里的暗礁是一种非常冒险的行为。

海胆的管足生在海胆刺之间，它们能使海胆四处移动。在海胆刺之间还生有叉棘，它们屈伸自如，顶端长有颚片，不仅能清洁体表，还能防御捕食者。有一种生活在马来西亚海域里的海

你知道吗？

埋起来的财富

并非所有海胆都是球形的。一些生活在海底沙泥里的海胆呈扁平状，并且长有非常短的刺。这些海胆被人们称为砂币海胆、心形海胆或饼干海胆。

砂币海胆的骨骼（介壳）看上去与西班牙的古金币很像，因此而得名。人们通常会在海滩泥沙中发现砂币海胆的介壳。

海胆不仅浑身长满了刺，还生有许多管足。管足能帮助海胆四处移动。在海胆刺之间长有许多像钳子一样的叉棘，它们不仅能帮助海胆清洁体表，还能防御捕食者。有些人喜欢生吃海胆的生殖腺。

▲ 石笔海胆的刺又粗又钝，而且内部中空。它们能帮助石笔海胆挤进礁石的裂缝中。

胆，它们的叉棘能分泌足以致命的剧毒。有些种类的海星也长有叉棘。

多数海胆以刮取岩石上的小型海藻为食，有时会刮食海草或珊瑚。海胆的咀嚼器由韧带、颚和肌肉构成，看上去很像航船上的提灯，因此被称为“亚里士多德提灯”。

海参

海参的外形比较像黄瓜，因此人们形象地称之为海黄瓜。在海参的口部周围长有许

▲ 刺冠海胆的刺又长又尖，能够刺穿人的皮肤。刺冠海胆的“眼睛”似乎正在窥视四周，事实上，这只像珠子一样的“眼睛”是膨起来的肛门。

多触手，它们都是由管足演变而来的，主要用于抓食岩屑和其他食物颗粒。海参粗细不一，长度从 3 厘米到 1 米多不等。有些海参的体色非常鲜艳，尤其是热带地区的品种；有些海参的体色为黯淡的褐色或黑色。海参的腹面长有管足，背面通常长有棘状疣足。海参的微小骨片散埋于体壁组织之中，其形状各不相同。

与海蛇尾一样，海参分布于世界各地。无论是在大海深处的海槽槽底，还是在浅处的暗礁上，都能看见它们的身影。大部分海参生活在柔软的海床上，在那里，它们可以觅食海草或掘洞。海参的体内长有原始的鳃组织，即呼吸树，能持续不断地向内脏器官输送富含氧气的海水。海参的体内还长有居维叶氏管（以生物学家居维叶的名字命名），这种器官具有黏性。当海参受到捕食者攻击时，它们会将居维叶氏管（有时连同呼吸树）从肛门喷出来，作为自卫的武器。

大开眼界

海参的防御策略

具有黏性的居维叶氏管是海参特有的防御器官。一些体形较大的热带海参为珍珠鱼提供了避难所。珍珠鱼躲在海参的呼吸树中，通常只在觅食和交配的时候出来。当面临危险时，海参会将呼吸树和居维叶氏管从肛门喷出来，于是珍珠鱼不得不离开它们的“家”。

这只热带海参摆出了优美的姿势，仿佛有人在给它画像。它挥舞着羽毛一样的触手，以抓食水流中的食物颗粒。

海百合

海百合纲是现存棘皮动物门中最古老的一纲，包括海百合和海羊齿。海百合是一种非常古老的动物，它们并不四处迁移，只固定在一处。人们对海百合的了解大多来自海百合化石。多数海百合都生活在热带海域或寒带海域的深水中。

海羊齿通常生活在珊瑚礁上。当它们“坐”在礁石上滤食食物颗粒时，看上去就像只长有很多条腕的海蛇尾。

▲ 这些附着在珊瑚礁上的海羊齿看上去更像植物，而不是动物。它们利用来回摆动的腕和腕上的羽枝抓食微小的食物颗粒。

甲壳类动物

无论是在冰冻的极地洪流或散发着恶臭的巴西沼泽，还是在零度以下的南极海洋或炎热的中国南海，在世界上所有的水域中都能发现甲壳类动物的足迹。有一些甲壳类动物甚至生活在潮湿的落叶堆中，还有一些甲壳类动物生活在沙砾之间充满水的裂缝之中。

世界上有6万多种已知的甲壳类动物，并且还有许多新的甲壳类动物有待于我们去发现。它们和昆虫、蛛形纲动物、多足纲动物一起，构成了节肢动物门。

甲壳类动物是由各部分明显不同的体节组成的。和昆虫一样，它们被一层坚硬的几丁质（一种基本上为含氮多聚糖的保护性半透明坚硬物质）外层皮肤保护着。它们还有肢、两对触角，以及两种类型的眼睛：一种简单的单个小眼和一种复杂的大眼。

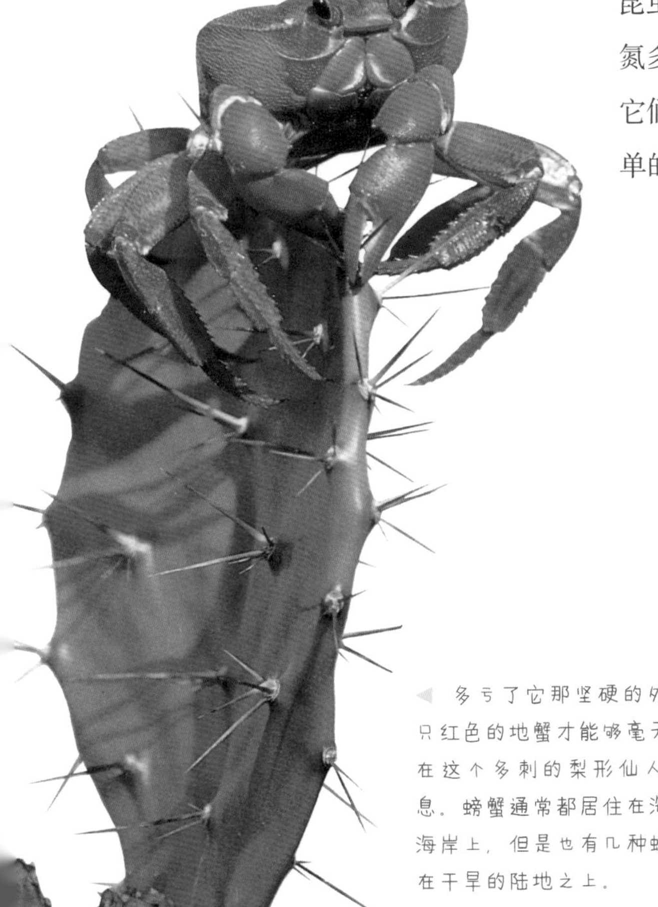

◀ 多亏了它那坚硬的外壳，这只红色的地蟹才能够毫无痛苦地在这个多刺的梨形仙人掌上栖息。螃蟹通常都居住在海洋或者海岸上，但是也有几种螃蟹生活在干旱的陆地之上。

▲ 水蚤通过划动它们的触角来游泳。它们是其他淡水生物的重要食物，而且也被卖鱼食的商店作为活的鱼食来售卖。

多种多样的虾

在所有的甲壳动物中，大约有四分之三都属于软甲亚纲，它们是一群高等甲壳动物，包括螃蟹、龙虾和虾。所有的软甲亚纲动物都有相似的基本身体轮廓：有 14 个体节和一条尾巴，典型的像虾一样的身体结构。在每一个体节上都有一对附肢——腿、触角、钳和口器。在腹部的体节上有腹肢（游泳足），用于游泳。

最大的、最为人熟悉的甲壳类动物是十足目动物：螃蟹、大螯虾、虾和对虾。在全世界一共大约有 8500 种这样的物种。大多数的十足目动物会爬到海底的岩石和海草上，或者生活在海底洞穴的深处，但是也有一些生活在淡水里，还有一些生活在陆地上。

虾是一种典型的十足目动物，是其他所有十足目动物的模板。大螯虾基本上就是一种长有特大号钳的大个儿的虾，它们的钳能够碾碎牡蛎和贻贝，也能用来保护自己。螃蟹更像是一种粗短的、肥肥的虾。

▲ 安波鞭腕虾和鱼有种特殊的关系。它们会吸引鱼，当这种虾游到鱼身上去，将鱼身上的寄生生物除去并替鱼儿清洁伤口时，鱼会静静地停在那里。

你知道吗？

洗涤线

一个被称为“大角星”的丑陋的海洋等足目动物正在照料自己的子女，它携带着子女，用长长的触须将它们拖着，就像是在一根线上清洗一样。大多数的等足目动物都很小，只有几毫米长，但是在深水中生存的某些巨大的物种也可以长到 35 厘米——它们看上去就像浅紫色的土鳖，但是大小与一只小猫差不多。

横行者和冲击波制造者

螃蟹能够轻而易举地横着行走，因为它们的身体轮廓是如此的扁平，不过它们也能够慢慢地朝前移和朝后移。鬼蟹是行动速度最快的螃蟹，它们可以在热带海岸上以 2 米 / 秒的惊人速度迅速撤退。

为了保护自己，一些蜘蛛蟹会用海藻、海绵和海葵来伪装自己。微小的豆蟹会藏在贻贝和牡蛎之中，而寄居蟹则会藏身于空空的软体动物的贝壳中。

卡搭虾（也称枪虾、乐队虾）有一对特别大的钳，这对钳能够在水里猛烈地活动，制造出冲击波，而这种冲击波足以使一些作为它的猎物的小鱼被击晕。

▲ 这位潜水员正在一个安全的距离内观察一只巨大的蜘蛛蟹。最大的螃蟹有着令人难以置信的体宽，它的两只钳之间的距离可以宽达4米。最小的螃蟹——它的钳之间的距离只有几毫米——生活在沙钱海胆的刺毛之间。

螯虾看上去就像是龙虾和螃蟹的杂交品种。在生活于淡水中的十足目动物中，它们是最为成功的种类，大约有500个已知的品种。一些虾也生活在淡水中，中华绒螯蟹（即大闸蟹）最早出现在亚洲的稻田之中，后来逐渐成为一些欧洲河流中的有害生物。

有一些螃蟹是陆生动物——它们生活在干燥的陆地上。它们当中最有名的是椰子蟹，它也被称为强盗蟹。这些大大的“旱鸭子”在晚上的时候从洞穴里爬出来，爬上棕榈树，占有它们的战利品椰子。它们经常会从椰子树上掉落下来，并且在种椰子的农民们放在树下的石头上摔得粉碎。

无节幼虫

甲壳动物的幼仔，比如螃蟹和虾的幼虫都是非常重要的浮游生物——这些大量的成群漂浮着的细小生物是许多海洋动物的食物。所有的甲壳动物都会产下无节幼虫，其中有许多从一诞生就在浮游生物群体中游来游去。无节幼虫能够帮助生物学家判断在这许多不同的生物中，究竟哪些是真正的甲壳动物。

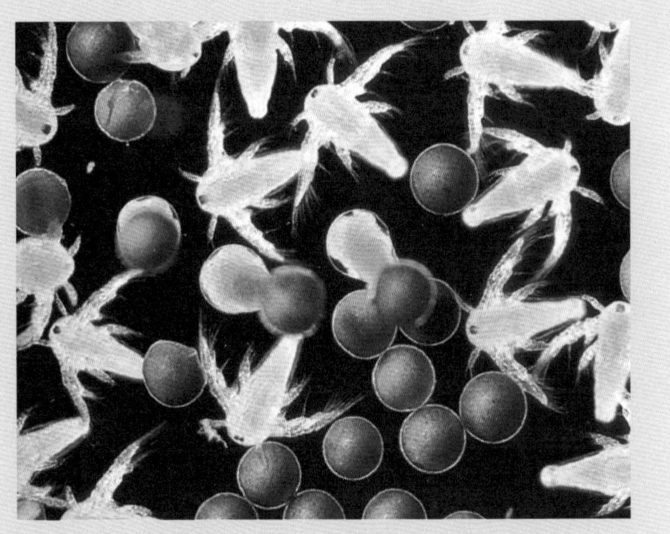

▲ 寄居蟹蹲伏在一个空空的贝壳里，当它们长得足够大时，它们就不得不再换到另外一个更大的空壳里去居住。

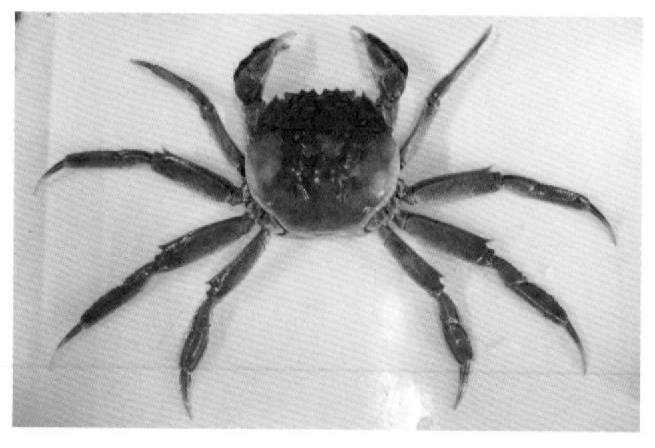

▲ 大闸蟹主要产于中国长江下游一带，因其肉质极其鲜美可口，在中国和东南亚地区备受青睐。然而，当大闸蟹被引入欧洲后，却因没有天敌而泛滥成灾，甚至对本土物种的生存构成严重威胁。

龙虾

一只欧洲大螯虾和一只龙虾生活在同一处多岩石的海底领地内。它们代表着龙虾科的两个主要群体——龙虾和真龙虾。这两种龙虾的身体结构都很像大个儿的虾，但是，它们也有一些地方是不同的。

隐藏的洞穴
白天，大螯虾藏身在岩石裂缝中，只把它们长长的触须和钳伸在外面。

长长的大螯虾
欧洲大螯虾会走上海床寻找甲壳水生动物和其他食物。它与美洲大螯虾有亲缘关系，能够长到一米长。

粗糙的外衣
它们的整个身体覆盖着蓝黑色的盔甲。和螃蟹一样，在它们成长的过程中，会不断地蜕壳，再长出新的甲壳。

切割和碾碎
它们巨大的钳被用来保护自己和对付猎物。其中一支钳比另一支要大，大的那支钳用来碾碎猎物，小一点的那支用来切割猎物。

茗荷儿

茗荷儿（一种茗荷属的藤壶）在水中用它那长在粗糙的体干末端的像羽毛一样的触手来捕获食物碎片。它们附着在漂浮的物体上，随着洋流漂移，但是许多的藤壶一般都生长在岩石海岸上，在那里，它们看上去就像小巧的圆锥形石块一样。当潮水涌来，它们会伸出好似羽毛的腿，去捕捞那些在海水中漂浮的食物碎粒。有一些藤壶寄居在鲸的身上，还有一些寄居在海龟、海绵、漂浮的木头、螃蟹以及海贝壳上。藤壶有一点像虾，也是用背部将食物踢进自己的嘴里。虽然成年藤壶固定在一个地点，但是它们的幼虫会四处移动，而这些幼虫到了交配的年龄后，它们也需要固定在一个靠近其他藤壶的地方。

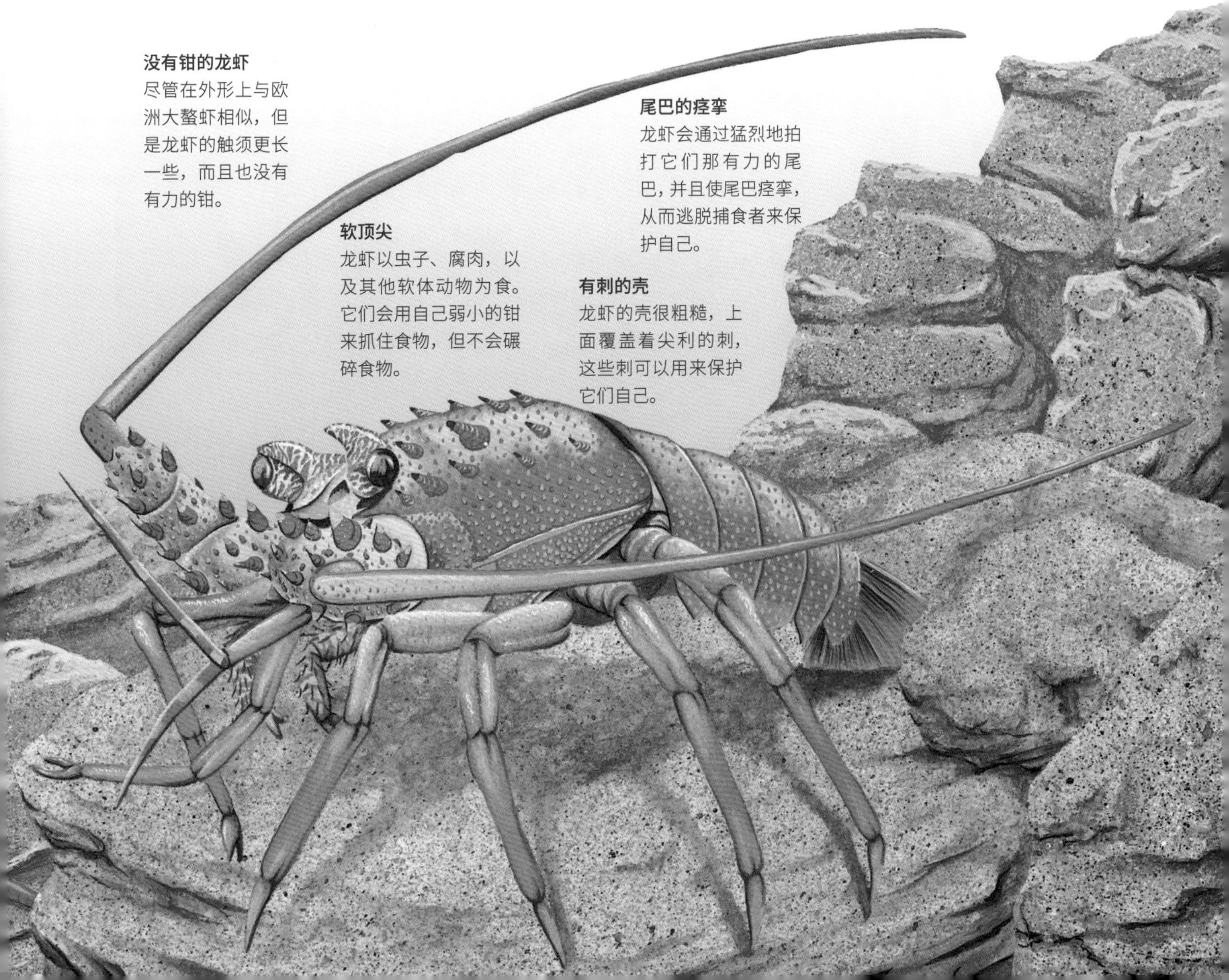

没有钳的龙虾
尽管在外形上与欧洲大螯虾相似，但是龙虾的触须更长一些，而且也没有有力的钳。

软顶尖
龙虾以虫子、腐肉，以及其他软体动物为食。它们会用自己弱小的钳来抓住食物，但不会碾碎食物。

尾巴的痉挛
龙虾会通过猛烈地拍打它们那有力的尾巴，并且使尾巴痉挛，从而逃脱捕食者来保护自己。

有刺的壳
龙虾的壳很粗糙，上面覆盖着尖利的刺，这些刺可以用来保护它们自己。

危险的“拳击手”

所有的陆地蟹都需要返回到大海中去生育，但是，木虱则完全生活在陆地上，它们属于等足目动物。这一类动物还包括海蟑螂、蛀木水虱，以及潮虫。大多数的木虱都生活在潮湿的地方——在石头下或者腐烂的树叶下，但是也有一些已经移居到了沙漠地区。蛀木水虱通常在木桥墩上钻隧道。螳螂虾（口足目动物）是一种非常专业的捕食者，它们的色彩通常都非常亮丽。大多数螳螂虾都生存于热带水域中，在珊瑚礁的周围或者是红树林里。它们的前腿令人难以置信的强壮，就像合掌螳螂一样。它们会抓住自己的猎物，并用强有力的重击将猎物击晕。螳螂虾也是敏捷的“拳击手”，它们经常会在巢穴上以及配偶面前进行猛烈的战斗。有一些特别重的品种能够长到30厘米长，还有一些品种特别强劲有力，以至于能够击碎用来饲养它们的玻璃缸。在西印度群岛，螳螂虾被称为“割裂拇指”，这是根据它们对人类的伤害来命名的。

▲ 潮虫和木虱都生活在潮湿的地方——在木料下或者在落叶堆中。它们是陆地上生存得最为成功的甲壳动物，它们身上有腺体，能够排出黏黏的液体来捕获猎物。

特殊的海产食品

许多不同的甲壳动物群为淡水生物和海洋生物提供了丰富的食物。3 厘米长的南极磷虾属于软甲亚纲中的磷虾目。它们在海洋里四处游动，寻找水中的食物。这些南极磷虾是许多大型动物的重要食物，众所周知，它们也在须鲸的食谱上。

沙蚤有 5000 余种端足目的近亲，它们大多数生活在海洋里或者海岸上。常见的沙蚤可以通过猛然活动它的尾巴，使自己向前移动相当于它自身体长好几倍的距离。俄罗斯的贝加尔湖是 300 多种端足目动物的家园。鳃足亚纲的动物包括神仙虾、水蚤和卤虫。

水蚤的身体形状会发生季节性的改变（形态周期变化）。它们的脑袋从仲夏到春天都是圆形的，然后从春天到夏天会变成像头盔一样的形状，之后又再回复到圆形。卤虫能够令人难以置信地生活在盐水中，比如美国的盐湖。

世界上大约有 7500 种已知的桡足亚纲动物，它们中的大多数都生活在海洋中。它们是许多海洋生物的食物，尤其是在世界上的冷水水域中，它们在那里大量地生存着。比如，一群数量惊人的北海鲱会占据大约 4000 平方千米的海域，此海域中包括大约 400 万亿个桡足动物。

不会飞的鸟

并不是所有的鸟都是飞行专家，有些鸟只会古怪地拍打翅膀滑行，或者鼓动羽翼跳几下。而世界上最大的鸟则更愿意让自己的两只脚一直稳稳地站在地上，虽然它们不会飞，但是却会奔跑。

平胸鸟是不会飞的鸟，它们早已适应了以奔跑为主的生存方式。有些平胸鸟现在已经灭绝了，比如原来生活在新西兰的 3 米高的恐鸟。其他平胸鸟则努力存活至今，其中多数都是凭借快速的奔跑逃脱天敌的追捕。最大的、最广为人知的平胸鸟有鸵鸟、鸸鹋、美洲鸵鸟和鹤鸵。除了这些体形庞大的跑步健将，还有一些原本会飞的平胸鸟如今已经失去了飞行能力，许多都

▲ 在高高的智利高原上，一阵寒冷的微风吹乱了美洲鸵鸟的羽毛。这种濒临灭绝的物种的雄鸟不仅要负责孵蛋，还要守护雏鸟 5 个月的时间，它们要在寒冷的夜晚为雏鸟保暖。

在一些远离捕食者的与世隔绝的地方进化成了地面禽类。企鹅可能就是由于它们适应了水上生活才逐渐失去飞行能力的。

鸵鸟

鸵鸟成群生活在非洲西部、东部和南部开阔的热带或亚热带稀树大草原中。它们长着强壮的脚和足趾，适合在开阔的地面上全速奔跑。鸵鸟的警惕性很高，它们通常高 2.5 米，视力非常好，可以在毫无遮蔽的平原上敏锐地察觉危险。雄鸵鸟的羽毛是黑色的，翅膀和尾巴是白色的，颈部呈粉红色或青灰色。雌鸵鸟是褐色的，颈部呈雪灰色。雄鸟和雌鸟的脚上都覆盖着粉红色的皮肤。

美洲鸵鸟

美洲鸵鸟（又叫三趾鸵鸟）是美洲最大的鸟。它们长得像鸵鸟，但肌肉却不如鸵鸟发达，而且鸵鸟每只脚只有两个足趾，它们却有三个足趾。美洲鸵鸟高约 1.6 米，长长的脖子和腿上覆有羽毛，身上还长着蓬松的褐色或灰色的羽毛。它们以草、树叶、昆虫和其他小型动物为食。

在春天，雌鸟会成群地聚在一起，雄鸟则会互相争斗，获胜者可以占有一群雌鸟并和它们交配。之后，雄鸟会筑起一个巢，而那些与它交配过的雌鸟会依次在巢中产卵。

一旦受到惊扰，美洲鸵鸟就会全速逃跑，它们会试图通过突然改变方向来摆脱追踪者。它们常常会在逃跑过程中将一只翅膀举向空中，以帮助因奔跑而振动摇摆的身体保持平衡。

你知道吗？

足趾

鸵鸟的每一只畸形的脚上都有两只大大的足趾，其中一只足趾比另一只更大些，两只足趾下都长有肉垫。在鸵鸟奔跑的时候，足趾上只有一小部分表面会与地面接触，从而减小了摩擦力，就像马蹄一样。但是足趾仍然可以十分有效地传递力量，而这股力量来自鸵鸟那巨大的鼓槌形大腿。鸵鸟的腿骨又重又结实，与飞行禽类具有的重量轻、蜂窝状的腿骨不同。

▲ 一只雄鸸鹋正在翻动这些蛋，以确保它们可以均匀受热。它唯一的任务就是孵蛋，而且在孵蛋期间不会吃任何东西。

▲ 一只双垂鹤鸵卧在地上，它的脑袋像火鸡，脚像恐龙，中间是漂亮而整洁、长满胡须状羽毛的身体。角质盔、巨大有爪的足趾和色彩鲜艳的头部，都是鹤鸵的特征。

你知道吗？

巨大的鸟蛋

曾经生活在马达加斯加的隆鸟（又称象鸟）重约半吨，是迄今为止最重的鸟。由于马达加斯加人对它们的猎捕，如今这种鸟已经灭绝了。据说在 20 世纪 40 年代末期，曾经有人在马达加斯加的沼泽地中发现过一枚隆鸟的蛋，而隆鸟蛋壳曾被当地土人用作容器，可盛 9 升水。

鸸鹋

当今世界上第二大的鸟类是高约 1.8 米的鸸鹋。它们长着蓬松的、与人类毛发相似的羽毛，全身只有腿上没有羽毛。它们的每只脚上长有三个扁平的足趾。鸸鹋的奔跑速度可达每小时 50 千米，而且它们还是游泳的好手。

鸸鹋在澳大利亚的林地、沙漠、灌丛及沙质平原上过着“游牧”生活，它们每年都要为了寻找在雨季后发芽的植物走上好几百千米。

在冬天，鸸鹋会成双成对地守卫它们的领地。交配之后，雌鸟会在用树叶或树枝建成的巢中产下多达 20 枚绿色的蛋。雄鸟会持续孵蛋，绝不会离开这些蛋去觅食或饮水。雏鸟孵化后，雄鸟还会一直照顾它们约达 7 个月之久。

鹤鸵

和鸵鸟、鸸鹋及美洲鸵鸟不同，生活在巴布亚新几内亚和澳大利亚北部地区、以水果为食的鹤鸵（又叫食火鸡）虽然属于丛林鸟类，但却也是奔跑的专家（大部分丛林鸟类都跑不快）。它们低垂着头部穿过低矮的树丛，速度可达每小时 30 千米。它们的脑袋上装饰着角质盔，可以在它们快速跑过浓密多刺的丛林时保护它们的头部。它们那粗糙的毛发状羽毛从身上低垂下来，所以不会在穿越枝叶缠杂的植物丛时被绊住。

▲ 短翅水鸡是一种大型的（体长约63厘米）、蓝绿色的、外形酷似黑水鸡的鸟，长着有力的红色的喙。在大约50年的时间里，人们认为它们已经灭绝了，直到1948年人们才又在新西兰的南部半岛上发现了它。今天，这种鸟又再度面临灭绝的危险，因为人类引进的一些动物，如白鼬，会捕食它们的蛋，而鹿也会和它们争食草类食物。

▲ 新西兰秧鸡是一种体形大、性格凶猛的不会飞的秧鸡，它们生活在新西兰的森林、灌木丛和市区内。

鹤鸵的每只脚有三个足趾，足趾上还有长而锋利的爪子，内趾（靠近身体内侧的趾）上还有像匕首一样的刺。这些战斗武器可以把人的肠子掏出来，这使脾气极坏的鹤鸵成为世界上最危险的鸟。鹤鸵的体形庞大，而且都长着光滑的黑色羽毛。雄鸟和雌鸟的颈部皮肤都混合了鲜艳明亮的红、蓝、黄三种颜色。鹤鸵还长有摇摆的肉垂。鹤鸵会成对进行交配，雄鸟负责孵蛋，并会照看雏鸟长达一年的时间。

几维鸟

几维鸟的三个种类都生活在新西兰的森林和灌木丛林地里。几维鸟是极为稀有的鸟类，它们的体形与母鸡相仿，长着红褐色的毛发状羽毛，每只脚上都有三个足趾，鸟喙较长。到了晚上，几维鸟会在地面上搜寻爬虫和昆虫的幼虫。它们的嗅觉非常灵敏，而且跑得很快。和其他的平胸

▲ 几维鸟的长喙是专用于在地面上寻找爬虫的。和大多数依靠视力寻找食物的鸟不同，几维鸟是凭借嗅觉找到猎物的。它们利用长在它们那又长又弯的喙上的鼻孔在夜间觅食。它们的喙的基部长着又长又硬的毛发状羽毛，可能会起到触觉的作用，有点像猫的胡须。

鸵鸟群的生活方式

鸵鸟成群生活在非洲开阔的草原上，有时候也会和斑马之类的食草动物混居在一起。由于拥有像潜望镜一样的视力，它们通常在群体中扮演着预警系统的角色，它们会比相邻的其他动物更早地发现危险。

觅食

雌鸵鸟将颈部放低，在地面上啄来啄去地觅食，并在吞咽前将食物攒成一个大球。鸵鸟吃草根、树叶、花、果实、昆虫以及其他的小型动物，比如蜥蜴。

奔跑者

鸵鸟是所有两条腿的奔跑者中跑得最快的，它们能够长时间地以每小时 50 千米的速度飞奔。它们的最高时速能达到每小时 70 千米，足以摆脱大多数敌人。

孵蛋

雄鸵鸟会在晚上卧在蛋上孵蛋，白天则换成雌鸵鸟来完成这项工作。鸵鸟蛋是现存所有鸟类的蛋中最大的，每只蛋长 20～25 厘米，重量相当于 30 个鸡蛋的总重量。鸵鸟蛋的蛋壳只有 2 毫米厚，但却不易破裂，白兀鹫是少数能弄破鸵鸟蛋的动物之一，它们会向鸵鸟蛋扔石头。

鸟一样，它们也是由雄鸟负责孵蛋。

鸮鹦鹉

一些曾经会飞的鸟如今再也不会飞行了。在没有陆地捕食者的孤立的岛屿上，它们已经进化成了地面禽类。但由于人类的出现以及捕食性动物的引进，例如老鼠，其中一些鸟类已经濒临灭绝，其余鸟类的处境也很危险。

雏鸟

雏鸟身上带有斑点的褐色羽毛具有伪装效果。它们会在被孵化后很快离开自己的巢穴，然后开始跑来跑去地为自己寻找食物。它们的父母会保护它们，以防土狼和其他的捕食者猎捕它们。

好斗者

繁殖期的雄鸵鸟会保卫自己的领地。它们可能会显得富有攻击性，并且鼓起颈部颜色鲜艳的皮肤。它们会用多肉的鼓槌形的腿给对手极具杀伤力的一击。

你知道吗？

走鹃

生活在美国西南部地区的走鹃以极快的速度穿过积满灰尘的地面，在草丛中追逐蜥蜴、抓蛇。走鹃会在夜间降低身体温度来保存体内的能量，并和它们的爬虫类猎物一样，会在早晨的阳光下晒太阳取暖。

▲ 世界上唯一一种不会飞的鹦鹉是奇怪的鸮鹦鹉。体形与猫相仿的雄性鸮鹦鹉会成群展示自己，从它们碗状的地穴发出“隆隆”声来吸引雌鸟。

鸮鹦鹉是一种生活在新西兰的大型鹦鹉。夜晚的时候，它们会沿着路面走来走去，寻找水果、树叶和植物根茎。白鼬和野猫常会攻击它们，并吃掉它们的蛋。

不会飞的秧鸡科中的几个种类生活在英纳塞西布岛和特里斯坦－达库尼亚岛上。稀有的鹭鹤与鹤有亲缘关系，它们生活在西太平洋的新喀里多尼亚岛上。

哺乳动物

现代人处于哺乳动物的高级发展阶段。但是，音乐家那拨弄五弦琴的手指却与海狮的鳍状肢具有相同的基本功能。

作为古老的食肉类爬行动物的一个分支，哺乳动物已经进化成为地球上最高级的生物体。现代哺乳动物都属于哺乳纲。哺乳纲中大约有 5400 种哺乳动物。它们形态大小各异，从小小的地鼠和蝙蝠到巨大的大象和海鲸。它们不但在外形和大小上有巨大的差异，而且还能适应各种不同的居住环境，从冰冻的苔原地带和南极水域，到潮湿的丛林和撒哈拉沙漠中那些被炙烤的沙丘。它们有的悬挂在树枝上，有的遨游在海洋里，有的飞翔在天空中，有的生活在地洞里。

哺乳动物的主要特性

尽管各种哺乳动物彼此之间存在巨大差异，但它们仍然具有一些共同特征。这些特征将它们与其他种类的动物区别开来。

这些主要的特征如下：

毛发 哺乳动物多毛，而且它们的皮毛通常覆盖全身，比如熊。尽管海豹看起来光滑，裸鼹鼠似乎全身裸露，但实际上它们身上到处都有一簇一簇的毛。通常来说，哺乳动物的毛有两部分：能够防水的长长的外层针毛和短而厚密的底毛。

▲ 狞獾满嘴都是尖利的牙齿，身上的肌肉结构柔软，是食肉动物。

哺乳动物进化成了恒温动物。它们能够通过皮毛保暖，通过排汗降温，从而保持体内恒温。这使它们比爬行动物更具有优势，因为爬行动物不得不根据周围环境调整自己的体温。这意味着哺乳动物即使在寒冷的条件下（当夜晚或者气候更冷时），仍能保持活力（它们最初这样也许只是为了逃避爬行动物的猎食）。可是像爬行动物这样

三类哺乳动物

在哺乳纲中，主要根据繁殖方式的不同，把哺乳动物分成四类，下面主要介绍常见的三种类型。

单孔类动物（原兽亚纲），如鸭嘴兽和针鼹鼠。它们产下有外壳的卵，并在母体外孵化——或者在巢穴中孵蛋（鸭嘴兽），或者在天生的育儿袋中孵蛋（针鼹鼠）。母体的奶水是从一种特殊的汗腺分泌出来的，幼仔在母亲的皮肤上啜吸奶水，而不是通过乳头。

有袋类动物（后兽亚纲）包括各种能够跳跃、滑行、挖掘、爬树、游泳的哺乳动物。它们有一些不同于其他哺乳动物的身体特征，尤其是许多雌性的有袋类哺乳动物都长着特别的育儿袋。它们都缺少完整的胎盘，生出的幼仔发育不全（晚成雏的），和胎儿差不多。这些幼仔在母亲的育儿袋中发育，通过母亲的乳头吮吸奶水。

有胎盘的哺乳动物（真兽亚纲）有一个子宫，胎儿在子宫内能发育到更高级的阶段。怀孕的雌性哺乳动物，会在子宫中发育出胎盘，并通过胎盘向胎儿输送营养物质和氧气，同时通过胎盘把胎儿的废物排出母体之外。幼仔一出生就已发育得很完善（早熟的），它们由母亲喂养，通过奶头吸吮奶水。

◀ 这只吸血蝙蝠正悄悄靠近一只没有警觉的老鼠。如果没有翅膀，这种蝙蝠看起来就像一只体形小巧、毛茸茸的老鼠。蝙蝠是唯一会飞的哺乳动物，尽管有少数蝙蝠也是滑翔高手。

的冷血动物，它们在开始活动以前，必须先在太阳底下温暖身体。

奶水 哺乳动物靠它们皮肤上的一种被称为乳腺的特殊腺体分泌奶水，哺育幼仔。幼仔通过奶头（乳头）吮吸奶水。哺乳动物的乳头数量各不相同，灵长类动物只有一对乳头，马岛猬却有 29 个乳头。乳头要么长在胸部，要么靠近后腿部位，要么在育儿袋中。即使是卵生的单孔类哺乳动物，也能分泌奶水哺育幼仔。

下颌 科学家们通过动物的下颌是否直接与头骨相连来区分它是不是哺乳动物。这是将爬行动物和哺乳动物相区别的一个显著特征。典型的哺乳动物还有其他一些解剖学上的特征，如它们的头部是否由含有 7 块椎骨的灵活的颈部支撑，心脏是否有 4 个心室，体内是否有横膈膜，是否有牙齿。

哺乳动物的四肢和牙齿

相对于身体，哺乳动物的大脑比其他动物的都大，也更发达。因此，哺乳动物进化出了更复杂的行为模式，如圆滑的社交、玩耍、领地争夺和性行为模式。

除了鲸和海豹这样的水生物种，所有的哺乳动物都有四肢。它们的四肢骨上都有五指，但也因活动方式不同而有差异。例如，蝙蝠的指骨被拉长了，在指骨之间连着飞行的翼膜。

▲ 海洋哺乳动物，如海豚、鲸和海牛，它们都有鳍状肢，能适应水中的环境。鳍状肢是在哺乳动物的五指肢骨的基础上发育而成的，使海洋哺乳动物在水中的活动更有效率。

▲ 与很多有胎盘的哺乳动物不同，有袋类哺乳动物（像这只红袋鼠）的幼仔在出生时并没有发育完全，它们是在母亲的育儿袋中发育长大的。

▲ 一只卢旺达山区中的雌性大猩猩正在给它的幼仔喂奶。吮吸能刺激母亲体内的荷尔蒙分泌，从而增加奶水的分泌量。

哺乳动物通常有两套牙齿。第一套牙齿（乳牙）掉光后，由另一套固齿（恒齿）取代。大多数哺乳动物的全套牙齿有 44 颗，但有些有袋类动物却有 50 颗牙齿，而长喙海豚的单排牙齿就多达 250 颗。穿山甲、食蚁兽、针鼹鼠和须鲸类动物则没有牙齿。哺乳动物的牙齿形状由于饮食习惯的不同而不同，食肉动物长着匕首般锐利的、尖尖的咬牙，而食草动物的牙齿是平坦的，并且牙齿是凸形的，可以磨碎植物。

哺乳动物的内脏

食草动物的内脏比食肉动物的大，因为它们要消化大量营养成分远远低于肉食的植物，才能保证体内获得足够的能量。狮子和其他大型捕食者偶尔会吃大量高营养的活体猎物。狮子的肠子不足 7 米，而绵羊的肠子则有 30 多米长。食草动物经常吃营养价值低的食物，包括粗劣而难以消化的纤维素。反刍动物，如牛、骆驼、长颈鹿和羚羊，能把食物长时间地保留在肠子里，肠子里有上百万的细菌帮助消化食物。反刍的食物在进一步消化以前，会被反刍并再次咀嚼。

宠物的习性

如果人类喜爱某种动物，就会把它们当作宠物来饲养，这是人类社会中最令人感到好奇的事情之一。起初，人们是出于某种目的才饲养宠物的，比如狗常被用来狩猎和看家。后来，这些宠物渐渐成为人们生活中不可缺少的"家庭成员"。一些人在外出的时候，还会把一只甚至几只宠物带在身边。

现在，有些人心血来潮时也会把蜘蛛、蛇和蜥蜴当作宠物来饲养。但是，这些宠物通常没有传统宠物（猫和狗）有趣，当然也没有传统宠物忠诚。

▲ 这个小男孩和依偎在他身边的宠物狗是最好的朋友。或许，没有一种宠物能像狗一样忠诚于自己的主人。但是，狗的身上还残留着狼的某些行为特征，只有了解这些特征，人类才能与它们建立一种融洽、和谐的关系。

▲ 在一个犬类展览会上，一只成年牧羊犬正在向人们展示它那浓密的毛发。这种狗的眼睛对光线非常敏感，前额处松软的毛发不但看上去很漂亮，而且还能保护眼睛不受强光的伤害。

了解真相

要想洞悉一种宠物的行为，必须熟悉它们或者它们的野生亲戚的生活环境和生活方式。要想理解狗的行为，就要学会讲它们的语言，也可以说是狼的语言。狼是狗的野生祖先，所以狗的很多行为都带有狼的特性。研究野生狼在不同环境里的行为，有助于我们更好地了解狗的习性。

猫的行为不容易被理解。例如，猫会选择离开家，独自在外面悄然死去，这只是猫的天性而已，但它们的主人却通常误以为是自己令猫伤心了。另外，当猫不吃食的时候，主人通常以为它们生病了。其实，对猫来说，通常每餐只吃一只老鼠就足够了，而大多数罐装猫粮的分量都太大了，它们无法全部吃完。猫和狗的行为都

▲ 在所有犬科动物中，灰狗的奔跑速度最快。这个品种来自中东。与其他狗不同，灰狗依靠视觉捕猎，而非嗅觉。在英国，灰狗是一种高贵的动物，曾经只有那些具有皇族血统的人才可以饲养。

是靠敏锐的嗅觉和听觉支配的，而它们的视觉相对较弱。因此，它们对这个世界的感知和理解与人类完全不同。当人类不能确定它们的真实意图时，就可能会把自己的想法强加给它们。

宠物狗

狼是一种喜欢群居的动物，在它们的王国里有森严的等级制度。狗作为狼的后代，也具有这种习性。不过，狗经过人类的长期驯化后已经成为家养动物，它们不再群居，还学会了其他一些本领。因此，宠物狗是一种非常有趣的动物，它们既具有家养狗的习性，又具有野生狼的习性。明白这一点后，我们对狗的一些行为就能做出相应的解释了。

为什么有的狗不太听话？在群居的野生狗中，领头的狗会发号施令，独自决定狗群什么时候捕猎、什么时候休息、什么时候玩耍。家养狗会把饲养它的家族成员当成“狗群”，因此你必须尽早在这个群体中建立起等级秩序。如果一只小狗总是随心所欲，它的统治欲望就会变得越来越强。当它长大以后，就自认为是“狗群”中的领袖，因此不愿听从主人的命令，也不会尊重家庭中的其他成员。如果对一只小狗的管教过于严厉，当它长大以后就会表现出极度的顺从。这样的狗总是很敏感，它们常常在地上滚来滚去以示屈服；门铃一响它们就会躲起来，或许还会不由自主地撒尿。不过，通常来讲，小狗很快就会意识到，它们在这个群体中的地位比人类成员低，于是渐渐服从于这样的等级秩序。

当主人感到悲伤的时候，狗是怎么知道的？狗是人类情绪的“晴雨表”。如果有人心烦意乱或者生气，狗很快就能觉察到。群体中存在着的紧张气氛会让它们感到不舒服，因此，它们一旦感觉到某个成员的情绪比较激动，就会依偎在他的身边哀叫，这样也许会让它们有一种安全感。实际上，狗的这种行为是想让它们自己安静下来。一只地位较低的狗总

好斗的狗

人类有选择地培育出一些特殊种类的狗。图中这条比特犬就是人们培育出来的一种专业斗犬。这种狗的体形比较优美，肌肉非常发达，意志也很顽强，但生性好斗，总是惹是生非。

发生什么事情了?

通过观察狗的身体语言，能够判断出它们的情绪状态。狗与狼的身体语言大多数都是相似的，所传达的信息通常也是相同的。

感觉良好

一只精神状态良好的狗通常比较活泼，它的舌头会伸出来，尾巴总是使劲儿摇动。一只没有受过训练的狗甚至会冲你跳起来，它们不停地吠叫，并试图舔你的脸。

大声嚎叫

狼通过大声嚎叫寻找狼群中的其他成员，其他狼听到后，也通过嚎叫进行回应。如果一只家养狗与家庭中的其他成员分开了，比如被关进另一间屋子里，通常也会嚎叫；当它听到从电视机或者收音机中传出来的声音时也可能会嚎叫。

发出警告

狗在打架前通常会发出“警告”:不停地低吼、龇着牙、耳朵向后伸、尾巴下垂。此时，把狗惹生气的人最好赶紧离开。

温柔顺从

有时，狗也会展示它们温柔顺从的一面:脑袋低垂、尾巴夹在两腿之间、表情可怜，甚至还会在地上打滚。

要追随一个地位较高的成员以寻求安全保证，并会取悦群体中的其他成员，与之融洽相处。

为什么狗总是试图舔人的脸？当你外出或者休假回来后，你的狗将对你表示最热烈的欢迎。它可能会跳起来并试图舔你的脸，也可能冲你一阵吠叫。在狼群中，这是一种典型的问候方式，意思是“欢迎你回来，非常高兴又能过上正常的群体生活了”。

为什么听到有人敲门，大多数的狗都会吠叫？这是狗对群体成员发出的警告，表明有潜在的危险正在威胁着群体。如果这只狗比较温顺，它可能只叫几声，然后等着主人来采取行动。如果这只狗的统治欲望比较强，即便看到主人正在欢迎客人，它也会一直朝着进来的人吠叫。

狗是一种领地性很强的动物，它们会勇敢地捍卫自己的领地，不允许其他狗和人类靠近。如果狗看见来访的人被主人接受，它们通常就会容忍。但是，它们一旦意识到群体中的其他成员比较紧张或者恐惧，就可能对外来者发起攻击，直至将他们赶走。

为什么狗喜欢和主人睡在同一间屋子里？许多狗都喜欢和主人睡在同一间屋子里。如果它们被安顿在别的地方睡觉，就会哀叫。狗的这种生活习性源于它们的野生祖先——狼。狼群中的所有成员都喜欢睡在一起，这样可以彼此照顾，更加安全。一只不能与群体中的其他成员睡在一起的狗，通常会觉得自己被遗弃了，因此感到非常难过。狗还有一个比较古怪的生活习性，就是在睡觉之前通常要先转一圈。这可能跟野狗的生活习性有关，野狗在睡觉之前就会在自己的领地转一圈，试图找到一块比较柔软的地方，这样睡起来才会更加舒服。

宠物猫

猫与狗不同，它们不喜欢群居，而且还保留着许多野性。如果一只猫感觉到了你不希望和

▲ 猫是一种天生酷爱清洁的动物。起初，母猫会亲自为小猫“梳洗”毛发。几个星期以后，在母猫的帮助下，小猫很快就能学会自己清洁毛发。

▲ 猫的领域意识比较强，绝不容许其他猫进入自己的领地，所以，它们之间常常为争夺地盘而打架。但是，猫对人类的攻击往往出于恐惧而非愤怒。

▲ 猫天生具有捕猎的本领，它们会追逐任何一个正在移动的东西，比如，一根绳子、一个毛线球、一根木棍，以及正在地上滚动的皮球等。

▲ 猫用自己的尿液来标记领地，如果一只猫在屋里撒尿，那是因为它感觉到了某种危险，所以才通过不断撒尿来宣告这是它的领地。

它待在一起，就会马上离开。猫没被完全驯化，在大部分时间里，大多数猫仍然会四处闲逛，有些猫还能自己猎食。

为什么猫会呕吐？如果猫只是偶尔呕吐，这并不代表它们一定生病了。猫和其他一些动物通常会呕吐，这是为了把清洁毛发时不小心咽下去的毛发吐出来。有时，猫在比较紧张或者恐惧的时候也会呕吐。如果猫在他人那里有过一些惨痛的经历，那么当它再遇见这个人时，也可能呕吐。但是，如果猫频繁地呕吐，就需要看兽医了。

为什么猫从高处落下后总是爪子先着地？猫是一种非常灵活的动物，它们有着很好的身体协调能力。即便如此，它们有时也会不小心从高处掉下来。人类从高处落下后往往是背部先着地，猫与人类不同，它们总是爪子先着地。这是因为猫具有完善的机体保护机制。当猫从高处刚开始下落的时候，即便是四脚朝天，它们在下落的过程中也总能迅速地将身体转过来，使四肢朝向地面，做好着陆准备。这种自身的保护机制是慢慢进化而来的。猫经常会追逐一些动作迅速、灵敏的猎物，如果地势不平稳的话，就随时有可能跌落下来，因此它们必须学会保护自己。

为什么猫有时候要吃毛线？早在 20 世纪 50 年代就有人发现猫会吃毛线。当时，人们认为只有泰国猫与众不同。后来，人们发现其他一些种类的猫也吃毛线。最初，猫只吃毛线，渐渐地它们也吃其他织物。

人们虽然知道猫并不是因为饥饿或者缺少营养才吃毛线的，但是仍然很难理解它们这种古怪的行为。人们在猫的生活环境中找到了一些蛛丝马迹后发现，吃毛线也许是猫的一种遗传特性。如果把猫带进一个陌生的房间，或者把别的猫带回家，或者主人生病，等等，都能让猫感到焦虑，于是它们就会通过吃毛线来释放“压力”。另外，幼猫特别喜欢吮吸和咀嚼毛线，所以猫吃毛线也可能是幼年行为的一种延续。

为什么猫会绕着屋子乱跑？有时，原本安静的猫会突然绕着屋子乱跑，好像在追逐着什么。不一会儿，它们又会恢复平静。对猫而言，这是一种非常常见的行为。它们之所以这样，可能是为了摆脱厌倦，或者释放积聚已久的能量。

捕猎、追逐以及逃生是猫的本能。但是有些猫经常待在屋子里，几乎没有机会去训练这些本能，因此，它们就会以一种爆发性的行为把潜在的能量释放出来。任何一件小事都可能让它们做出“疯狂”的举动。这种行为又被称为“真空活动”或者“替换活动”。

▲ 非洲灰鹦鹉能用一只爪子进食，这种行为在鹦鹉界和其他相关鸟类中很常见。在交配期间，鹦鹉还能用爪子修饰羽毛。

有趣的鹦鹉

对于一些没有能力照看小猫、小狗的人来说，饲养宠物鸟是一个不错的选择。鹦鹉和它们的一些“亲戚”非常惹人喜爱。它们大小不一、形状各异，常常有一些有趣的行为。鹦鹉经常拔下自己的一些羽毛，人们对此疑惑不解。其实，这是感到厌倦的

尘土浴

当人们觉得身上比较脏，或者需要打扮得漂亮一些的时候，就会好好沐浴一番。当小鸡在院子里过夜后，它们会去洗“尘土浴”。它们在沙土中拍打翅膀、打滚，这能帮助它们抖落身上的寄生虫和老化的羽毛。

▲ 当凤头鹦鹉受到惊吓的时候，它们的冠羽会竖立起来。如果天气比较炎热，它们可能会昏昏欲睡。这时，只要往它们的身上喷洒一些凉水，就能让它们重新振作起来。

鹦鹉在打发无聊的时间。当然，或许也有其他一些原因。它们的这种行为常常令人烦恼，毕竟这会使一只原本漂亮的鸟儿变得全身羽毛乱蓬蓬的。为此可以给鹦鹉准备一些玩具，比如秋千、铃铛和可供咀嚼的木材，让它们的生活变得更有意思些。然而，要想从根本上解决这个问题，最好还是给它们找个玩伴。

鹦鹉有一个最显著的特征，就是能够模仿多种行为和声音。它们以能够学人说话而闻名。它们还能模仿同类的行为，例如，如果有一只鹦鹉开始吃东西、饮水或者打扮自己，其他鹦鹉也会跟着学。

如果一只鹦鹉经常弓着身子坐在栖架上，它可能患上了“忧郁症”。用治疗“厌倦症”的方法就能解决这个问题。如果它的眼睛是半闭着的，羽毛也很蓬乱，那它可能真的生病了。

喜欢玩耍的动物宝宝

大多数哺乳动物（包括人类）的宝宝都喜欢玩耍，甚至是互相打斗。动物心理学家和人类心理学家花费了多年时间来研究这种行为。他们发现，任何玩耍打斗都可能将猎食者的注意力吸引过来，所以动物宝宝更容易受到攻击。有研究成果表明，这种行为对动物宝宝的大脑发育有重要作用，尤其有助于它们学习、记忆和社会交往，而那些幼年时没有玩伴的动物，在这些方面就会表现得差一些。

▲ 人们在动物园里通常能看到孔雀。在繁殖季节，雄孔雀为了吸引雌孔雀，会张开美丽的尾屏，追随在雌孔雀的周围。

天生爱炫耀

鹦鹉非常喜欢炫耀自己。当它们以乐观、自信的精神状态来展示自己时就是一种炫耀。一只正在炫耀的鸟儿会四处走动，翅膀上的羽毛略微竖起，通常还伴有鸟鸣。在野外，鸟儿为了吸引配偶而炫耀自己，而宠物鸟却经常向人类或者屋子里的其他宠物炫耀自己。

有的鹦鹉非常顽皮，破坏性极强。它们一旦出了鸟笼，就会大摇大摆地穿过餐桌，毫无顾忌地奔向餐柜，然后乱啃一气。鹦鹉

你知道吗？

“长不大”的宠物

人类对待宠物狗和宠物猫的方式，使它们一直处于一种不成熟状态。在野生环境中，雌性动物通过舔抚来表达对幼崽的爱，但这也只发生在幼崽比较小的时候。而家里的宠物一直都会得到人类的宠爱，这使得成年宠物的一些行为显得相当“幼稚”。例如，每当被人类搂抱的时候，它们就会流口水并做出吮吸的动作。

喜欢咀嚼木材，所以，必须多给它们准备一些大块的木头。人们可以“教育”那些具有破坏性的鹦鹉，不要啃咬某类东西。但是，它们会趁人不注意的时候继续“行动”。

鹦鹉特别在意自己的外表。一只健康的鹦鹉会花大量的时间细致地清洁、修饰自己的羽毛，比如，把老化的羽毛或者受损的羽毛拔出来。如果鸟笼里有多只鹦鹉，它们就会彼此协助，为对方（尤其是配偶）修饰羽毛。通常，它们还会突然将全身的羽毛蓬起来，然后摇落受损的羽毛和上面的灰尘。当它们感觉太冷或者太热的时候，也可能这样做。

蝴蝶和蛾子

世界上已经知道种类的蝴蝶和蛾子有16万多种，它们那美丽的身姿翩跹于我们周围。虽然它们看起来很柔弱，但却能在不同的环境中适应并生存下来。在很多地方，如森林、高山、沼泽或者城镇，只要不在最热或最冷的地方，就有它们飘忽的身影。

当一只蝴蝶扑闪着翅膀飞过时，大多数人都会认出它。但有时，它却可能是一只蛾子。蝴蝶和蛾子有很多共同点，要判断蝴蝶和蛾子并不是一件容易的事。蝴蝶和蛾子都属于鳞翅类昆虫，它们很相像，有相同的习性和同样的生命周期。不过，你可以通过一些特征来辨别蝴蝶和蛾子。

蝴蝶通常色彩明艳，喜欢在白天活动。在休息时，它们的翅膀上表面紧贴后背；它们的触须是棍状的，末端像火柴棍。

蛾子的数量远多于蝴蝶，蝴蝶的种类只有1.7万多种，蛾子却有15万多种。有一些蛾子体形很小，有一些又很大。蛾子的身体通常比蝴蝶肥胖。蛾子大多在夜晚活动，身上的色彩单调。蛾子的触须比蝴蝶有更多的花式。休息时，蛾子背上的翅膀或者平展着，或者像屋顶一样倾斜着。

◀ 这是一只令人叫绝的特殊的特立尼达岛“89”蝴蝶，它翅膀上的图案，看起来就像一个中间带有数字89的靶子。

生命周期

蝴蝶和蛾子都有 4 个不同的生长阶段。最初是卵，继而从卵中孵化出毛虫（幼虫）；毛虫转化为蛹（茧），最后成为成虫。

卵 卵有多种形状、颜色和大小。它们或者单个，或者成串地被产在树叶和树枝上。有些雌性成虫会产下 1000 多枚卵，但能够生存下来变为成虫的幼虫并不多。

一些以草为食的蝴蝶在飞行时产卵。只要卵被弃在草地上，孵化出的幼虫就有足够的食物。

幼虫 即通常见到的毛虫，它们是贪婪的食客。它们扭动着身躯爬出卵壳后不久，就会把卵壳吃掉，卵壳营养丰富，享用了这一餐后，幼虫们就可以在树叶上、树枝上、树根上，以及果实上尽情狂吃。为了能够不停地吃，大多数幼虫都长着有力的颚。

幼虫的前端生有 3 对小小的节肢，在腹部还生有 5 到 8 对假足（伪足）。幼虫通过假足的起伏前进来缓慢移动。它们还会用假足末端的细小钩子，使自己紧贴在要取食的植物上。

幼虫的皮肤实际上是生长在外表的一层坚韧骨骼（外骨骼）。这种皮肤缺乏柔韧性。随着幼虫生长，旧的皮肤蜕掉，新皮肤长出来，此时，幼虫会变小。这个过程称为蜕皮，这是所有昆虫在幼虫时期的典型特征。变为成虫以前，它们会多次蜕皮。

幼虫完全长大后会停止进食，它会停留在一个地方转化为蛹。蝴蝶的幼虫常常用丝垫粘缚在植物上；而蛾子的幼虫则会寻找裂缝、洞孔等地方，在里面化蛹。

蛹 当幼虫的皮肤枯萎、开裂，蛹就出来了。此时，昆虫进入一个休眠期，它们一动不动，不吃不喝。

一动不动的蛹可能会受到像鸟类这样的猎食者的威胁。因此，蛾子和蝴蝶常常会用丝为自己织一个“保护器”或茧，在里面化蛹。这些“保护器”可以是一个在土里用丝线做成的洞孔；也可以是把丝线或树叶拢在一起形成的卷。蛾子的茧通常做得最好，而一些蝴蝶的蛹却是裸露的，需要适当的伪装保护。在蛹的内部，蛹向成虫转化的过程中，自身会发生惊人的变化。这个过程称为蜕变。

成虫 当成虫完全羽化成形时，它同幼虫或蛹的样子就完全不一样了。它有着昆虫典型的身体结构，它的 4 只翅膀一起动作时，看起来就像一对翅膀。翅膀由成千上万的细小鳞片（鳞翅就是指有鳞片的翅膀）覆盖着，这些鳞片就像屋顶上的瓦片一样相互交叠。

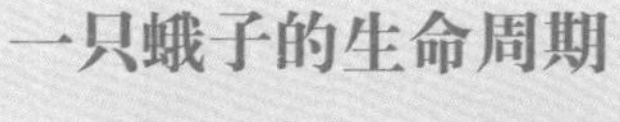

一只蛾子的生命周期

从卵到成虫，可能需要几周、几个月甚至几年时间。但所有的蛾子和蝴蝶都有相同的 4 个阶段的生命周期，即卵、幼虫、蛹和成虫。下面就是一只翅膀上有眼睛图案的蛾子从出生到死亡的生命过程。

最初的卵
雌蛾将一团团小而圆的卵产在白杨树、柳树或苹果树的树叶上。

肥胖的幼虫
小小的幼虫孵化出来并开始吃树叶。不久以后，它们就会变成又大又肥的幼虫了。

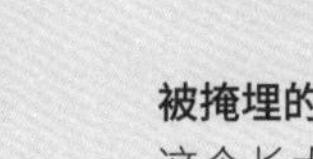

被掩埋的蛹
这个长大了的幼虫在地下化蛹。在黑暗的容器内部，它的身体组织改变了。

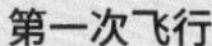

第一次飞行
成虫从蛹里钻出来，一直爬到外面，它必须先张开皱褶的翅膀，并充分晾干翅膀，然后才能飞走。

▲ 有些幼虫看起来像黏黏的糖果，但是千万不要把你的手伸过去，这些幼虫的彩色带子上带有蜇刺。

有“眼睛”的天蛾

◀ 从正面观察一只巴尔的摩蝴蝶，可以看出蝴蝶特有的棍状触须的末端。这些细小的、橘红色尖头的火柴棍一样的东西，是昆虫的平衡和嗅觉器官。

发现不同点

你能区分蛾子和蝴蝶吗？区分它们的主要线索是它们休息时的翅膀位置、身体的大小，以及触须的形状。

蝴蝶的特征

休息时翅膀合拢

翅膀色彩鲜亮

所有蝴蝶的触须都是棍状的

身体苗条

你知道吗？

食肉的幼虫

大部分幼虫是植食性的。但有个别幼虫却有食肉的嗜好。夏威夷的扁蛾幼虫就是其中一种。它伪装得像小树枝，等待一只果蝇进入它的攻击范围。当果蝇靠近时，它就会突然刺出，结果，这只倒霉的果蝇就成了 扁蛾幼虫的口中之食了。

求偶和交尾

成虫的主要任务是交配和产卵。就算一只雄蝶找到了一只雌蝶——它们通过艳丽的色彩来相互识别，雄蝶通常也必须取悦雌蝶以争取和雌蝶交配。蛾子的色彩一般要比蝴蝶暗淡，但它们却有非常好的嗅觉，借此寻找配偶和食物。许多雄蛾生有羽毛状的触须，可以嗅到适合自己的雌蛾。一只雄蛾能够循着气味（信息素）找到几千米外的雌蛾。一些蝴蝶在求爱时也用气味。人有时能够闻到蝴蝶和蛾子的气味。如壁蝶，它有甜蜜的、巧克力一样的味道。

雄虫和雌虫一般会在植物上尾对尾地进行交配。之后，雌虫会将卵产在植物上，并在植物上进行孵化。这样，幼虫一孵化出来就可以方便地获取食物了。

进食

交配是一件消耗能量的事，蛾子和蝴蝶靠储备食物来保持良好的进食状态。成虫进食是为了产生能量，幼虫进食是为了长得更大。

它们的主要食物是液体——一种带有甜味的、富含能量的花蜜。它们从花朵中获得这些蜜

吸取食物

蝴蝶和蛾子没有颚，它们通过一根中空的管状嘴（喙）来取食。不用时，这张嘴是卷曲起来的；一旦伸展开，就变成一根长长的吸管，这是一种用来从那些长喇叭花的深处吸取蜜汁的非常理想的工具。

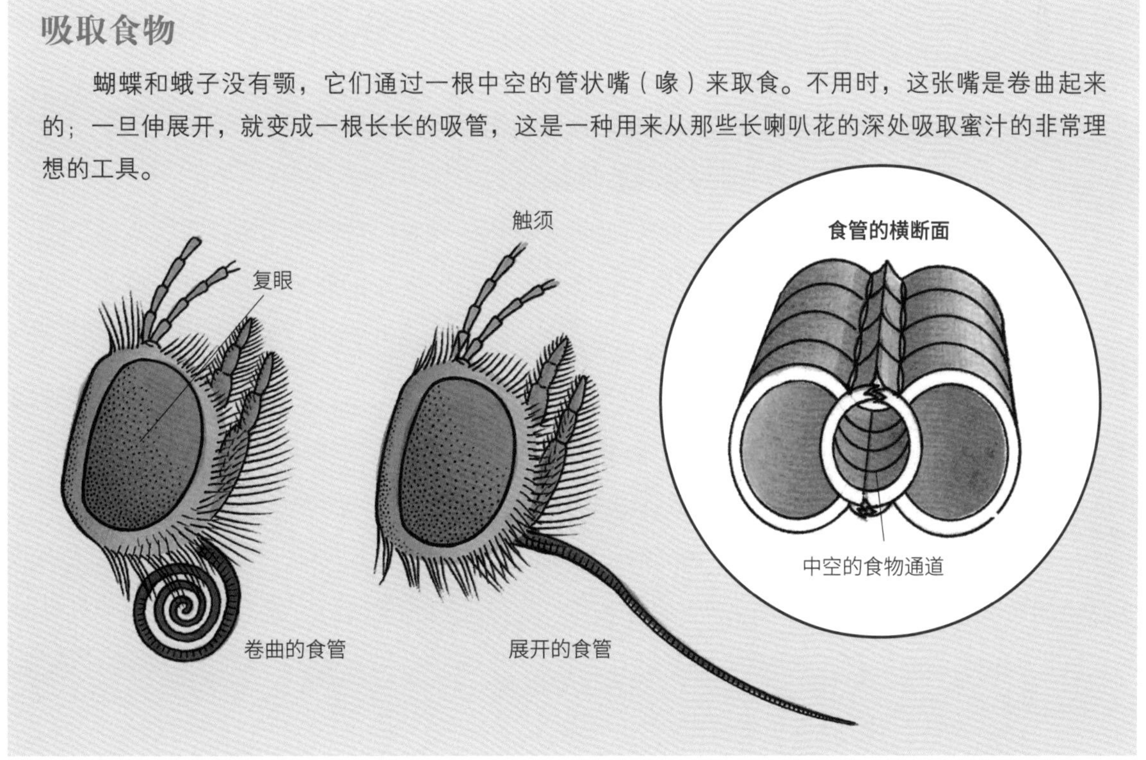

▲ 在炎热的乡村，蝴蝶常常成群聚集在泥泞的河堤、泥坑、粪便中，以及被动物尿湿的地面上，用它们的食管吸食带有矿物质的溶液。

汁，如醉鱼草、紫菀、石南花、兰花，以及各种五颜六色的热带植物。几乎在所有的蛾子和蝴蝶脚上，都生有特殊的、可以品尝甜性物质的器官。

喜欢花蜜的蛾子一般在黄昏进食，它们要依靠敏锐的嗅觉。它们要用触须里特殊的感受器来获得气味。像金银花、茉莉花和烟草植物这样的长管形、气味浓郁的白色花朵，就为这些蛾子提供了良好的花蜜来源。

虽然大多数蝴蝶和蛾子以花蜜为食，但也有一些取食其他不同类型的食物。例如，在英国许多森林里的蝴蝶，它们喜欢树的汁液。白色的纹蝶吃富含氨基酸和糖分的布谷鸟的唾液，而银纹多角蛱蝶和孔雀蝴蝶经常以腐烂的水果为食。

一些热带的蛾子甚至会吸食漂浮着的鳄鱼的眼泪（南美鳄鱼），还有一种蛾子会刺激大象的眼睛，然后吸食大象的眼泪。有一种东南亚夜蛾，它有个可怕的嗜好，它会刺破小型哺乳动物的皮肤，吸食它们的血液。

▲ 这种生活在东南亚雨林中的巨大、华丽的皇蛾（乌桕大蚕蛾），是世界上最大的蛾子，它的翼展有 25 厘米，最小的微型蛾子的翼展只有 2 毫米。

大开眼界

滚烫的幼虫

墨西哥的跳豆由于其古怪而疯狂的跳动而闻名。实际上，这些跳豆不是豆子，而是一种墨西哥植物的种子。它们跳动的力量来自寄生在种子里面的一种蛾子的幼虫。阳光直射时，幼虫会热得不舒服。为了摆脱阳光，被灼烤的幼虫就开始跳舞。它先弯曲成一个“V”字形，然后突然再伸直，于是，豆子就在地上向前跳动，直到躲开阳光为止。

迁移和过冬

一些蝴蝶和蛾子长距离旅行，实际上是在迁移。像银纹多角蛱蝶，它们从撒哈拉沙漠的中部到英国，需要两个星期，大约飞行 3200 千米。它们通常是为了躲避酷热、干燥的热带气候而向北迁移，也可能是由于它们的生活环境遭到破坏，或者环境变得过于拥挤。

一些特殊种类的蝴蝶和蛾子要冬眠，它们在一个安全干燥的地方用睡觉来打发寒冷的冬天。它们通常在秋天产卵，在冬天的时候静静地休息。蝴蝶和蛾子也可以像蛹一样，把自己包裹起来安全过冬，或者像幼虫一样冬眠。

蚱蜢

直翅目昆虫是一种常见的昆虫，目前已知有2万多个品种，包括自然界中最棒的昆虫跳跃能手和歌唱家——蟋蟀、丛蟋和蚱蜢。无论在哪儿，你都能听见它们那"唧唧"的叫声。

蚱蜢、蟋蟀和丛蟋有一些共同特征，它们都长有结实的头、两只大大的复眼和强劲有力的咀嚼式口器。它们还长有两对翅膀和一对长长的、善于跳跃的后腿。

绝大多数蚱蜢都是绿色或褐色的。它们是一种生活在草丛中的喜光昆虫，以各种各样的植物为食。白天，蚱蜢在植物的茎上爬来爬去，到处跳跃、飞行。它们的触角较短，多为丝状，上面长有感觉器官。还有一种蚱蜢，它们的体形很小，不会"唱歌"，翅膀也极短。丛蟋有一对

◀ 这是一只正在进食的雌性丛蟋，它的翅膀很短，头部呈圆锥形。在它的腹部下方，你能看到一个像剑一样的产卵管。丛蟋和蚱蜢有一个明显的区别：丛蟋的触角是细长的，蚱蜢的触角则较短。

细长的触角，通常生活在树上或者灌木丛中。大多数丛蟋都以植物为食，少数食肉或杂食（既吃植物，也吃昆虫）。雌性丛蟋有一条又长又弯、像刀片一样的“尾巴”，这其实是一条产卵管（产卵器）。丛蟋主要在夜晚活动，或者在薄暮时分出来。洞蟋螽是丛蟋的近亲，它们生活在洞穴中，不会飞，有一对长长的、像丝一样纤细的触角。蟋蟀和丛蟋长得很相似，但蟋蟀的身体是扁平的，色彩通常比较单调。蟋蟀的前翅比较宽，平叠于躯体上。在它们的尾巴上长有长长的传感器。雌性蟋蟀有一个细长的、像矛一样的产卵器。蟋蟀分杂食和植食两种。大多数种类的蟋蟀生活在地表，隐藏在砖石下或者杂草间；还有一些种类的蟋蟀穴居在树上或者地下。有的蟋蟀在夜晚活动，有的蟋蟀在白天活动。

生命循环

所有直翅目昆虫的生命都是从卵开始的。孵化出来的幼体被称为若虫，看起来和它们的父母一模一样。但除了小，它们与父母还有一点不同，那就是它们的翅膀还没有长出来，只是芽体而已。当然，随着身体的长大，翅膀也会慢慢长成。虽然直翅目昆虫没有幼虫或蛹这样的生命形态，但是若虫也要经历几个阶段才能长大，并且在每一个生长阶段都要蜕一次皮。

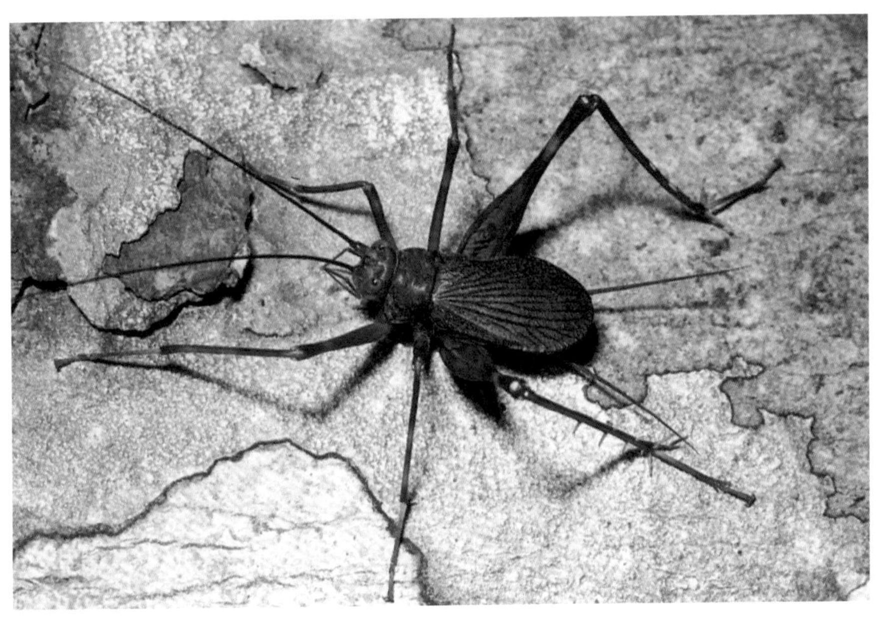

▲ 这是一只雄性蟋蟀，长得很像蜘蛛。蟋蟀的后腿非常有力。虽然它长长的触须跟丛蟋的很像，但是蟋蟀的身体不仅比丛蟋的扁，而且比丛蟋的宽。雌性蟋蟀有一个长长的、像针一样的产卵器。

咀嚼式口器

从正面看，这是一只典型的直翅目昆虫，看起来十分可怕。它那强壮有力的咀嚼式口器用来切咬和咀嚼植物。

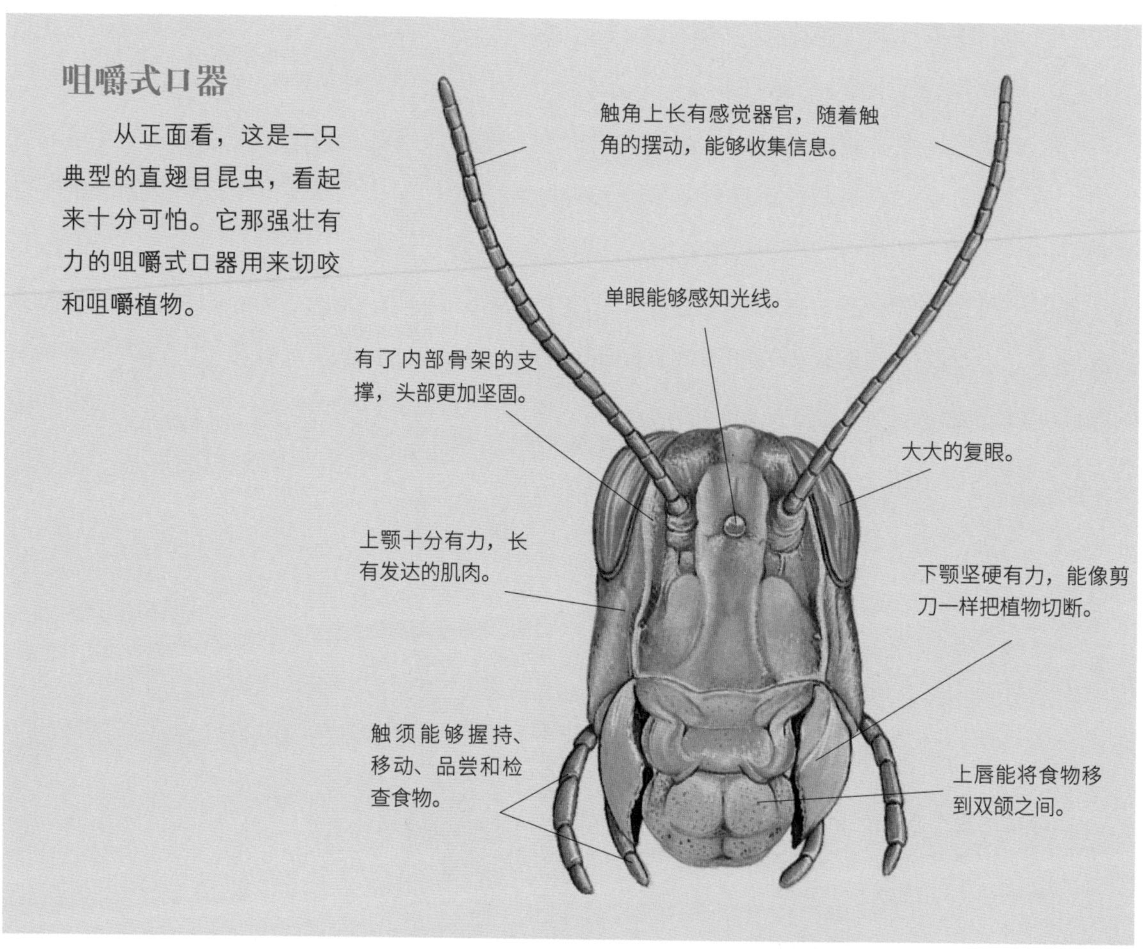

你知道吗？

成群的蝗虫

蝗虫是直翅目昆虫中一个比较大的种类，它们生活在地球上比较温暖的地方。一般情况下，它们不会对人类造成伤害。但是，当成千上万只蝗虫云集在一起，就会给人类带来灾难。它们一起跳跃、一起吃食、一起飞行。蝗虫主要以植物为食，所以当蝗虫铺天盖地飞到乡村时，就会摧毁大量的农作物。成群的蝗虫是世界上最让人畏惧的，也是最具破坏力的昆虫。

▲ 这是一只雌性沙漠蝗，它用鼓鼓的腹部挖了一个深洞，产下了 30 ～ 100 枚卵。然后，它用黏稠的液体将这些卵盖住。液体风干后就会变硬，从而在卵上形成一个保护囊。

跳跃与飞行

蚱蜢是通过爬行或者跳跃四处活动的，它们偶尔也会进行短距离的飞行或者猛然一跃。

跳跃 它们的后腿肌肉强劲有力，甚至比人的肌肉还有力量。因此，蚱蜢跳出的距离是它们身长的数倍。

飞行 蚱蜢有两对翅膀。第一对翅膀（前翅）很坚硬，就像皮质外套一样盖在第二对翅膀（后翅）上，像伪装一样起保护作用。当蚱蜢飞行的时候，后翅则起主要作用。后翅是半透明的，像薄膜一样，比前翅宽大。当蚱蜢停栖的时候，后翅会像扇子一样折叠起来，交叉盖在背上。

跳跃的蚱蜢

蚱蜢、丛蟋和蟋蟀都是擅长跳跃的昆虫。它们的后腿非常长，能够为弹跳提供迅猛的推力。它们的起跳关节位于腿节和胫节之间。它们的后腿就像鼓槌，骨节上的肌肉结实、有力。

蚱蜢的胫节瘦长、坚韧，在起跳时能起到杠杆作用——以地面为支点，将身体弹射到空中，帮助它们从原地跳到远处。

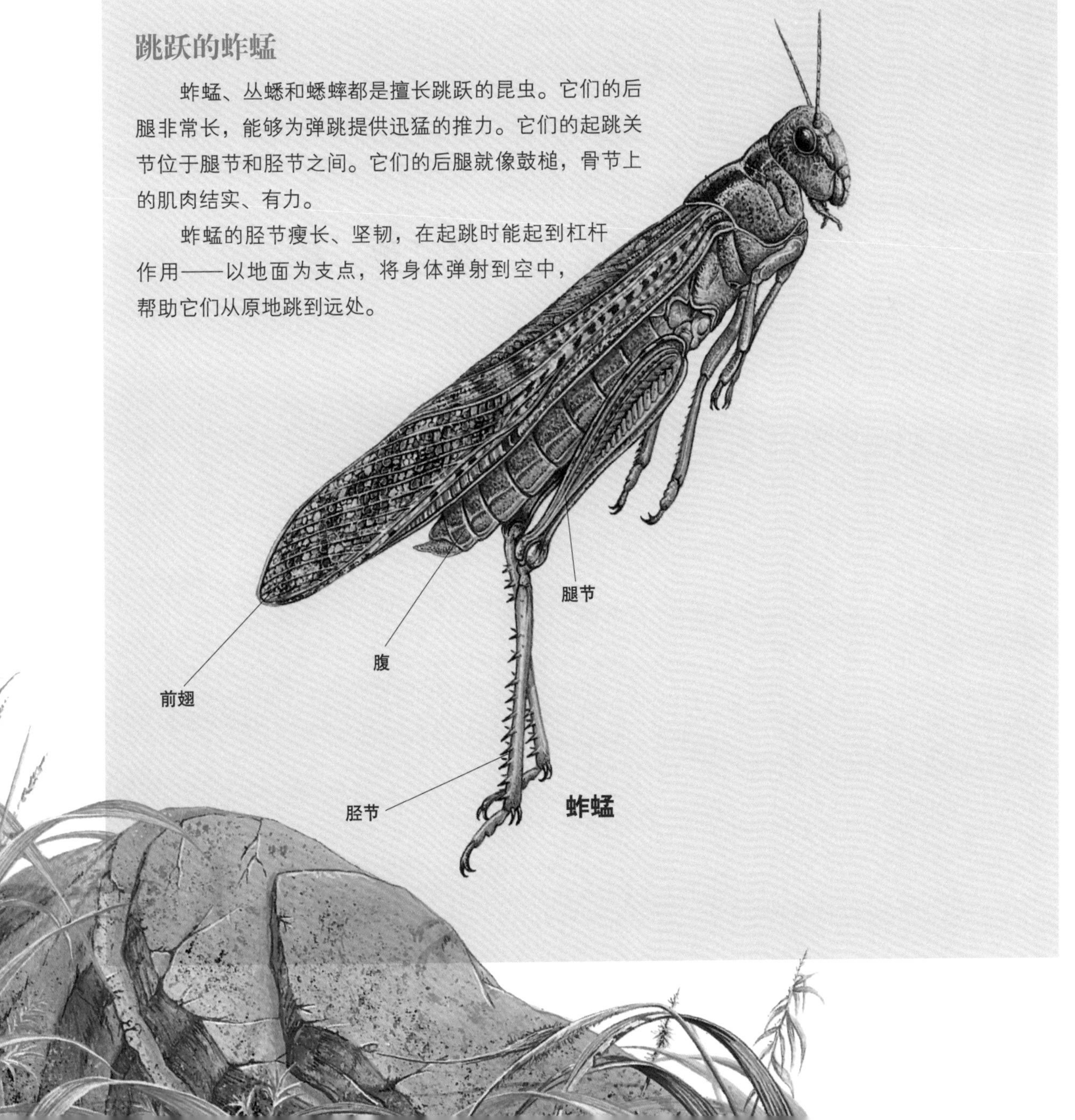

蚱蜢

草丛里的歌唱家

蚱蜢和蟋蟀的“歌声”都很有名。雄性蚱蜢在交配的时候会低声鸣唱，警告其他雄性蚱蜢不要靠近。它们后腿腿节处的一排小锯齿与前翅摩擦，就会产生“唧唧”的声音。一些雌性蚱蜢也会“唱歌”，但是它们的歌声通常比较柔和。

丛蟋和蟋蟀的发声方式与蚱蜢不同，它们都是通过两翅的相互摩擦发出声音的。无论白天还是黑夜，人们都能听到蟋蟀优美的“歌声”。与蚱蜢相比，丛蟋的声音要响亮一些，持续的时间也比较长。丛蟋的种类不同，发出的声音也不同，有像金属一样的碰撞声、碾磨声、呲呲声、嗡嗡声、滴答声、刮擦声，有的像擦火柴时发出的声音，甚至有的像闹铃声，以及像钻孔机和缝纫机在高速运转时发出的声音。

雄性蚱蜢和雌性蚱蜢的“耳朵”长在腹部，就像是延伸出来的皮肤或者耳膜，可以随着声波振动。雌性蚱蜢通过声音来寻找雄性蚱蜢。蟋蟀和丛蟋的“耳朵”长在前腿上，在爬行的时候，它们通过舞动前腿来监听周围的动静。

蜜蜂、黄蜂、蚂蚁和白蚁

蜜蜂、黄蜂和蚂蚁都是膜翅目昆虫，它们身上长着肮脏的螯针，而且爱管闲事。白蚁是等翅目昆虫，但它们的生活方式与蚂蚁相似。

典型的膜翅目昆虫一般都长着两对翅膀和尖锐的口器。它们不但用口器吸吮汁液，而且用它咀嚼固体食物。雌性的膜翅目昆虫还长着一根既能麻痹猎物，也能用来自卫的螯针。

膜翅目昆虫的卵孵化成幼虫，再变成蛹，然后变为成虫；而白蚁的卵会直接孵化成幼蚁，幼蚁从一出生就开始忙碌。

大多数膜翅目昆虫都过着群居生活，具有社会倾向性。它们生活在群体中，并有明显的劳动分工。

蜜蜂

蜜蜂浑身长满绒毛，会嗡嗡地叫。它们能用长长的舌管吸食花蜜，能用尖刺一样的下颚进行搬运、收集、建巢等工作。蜜蜂身上的绒毛比黄蜂多，并用花蜜和花粉喂养后代。一些蜜蜂

工蜂很小，头部呈三角形。　雄蜂的眼睛很大，后半身宽宽的。　蜂后长着又大又尖的腹部，头部是圆的。

▲ 蜜蜂和花朵之间的关系很亲密。蜜蜂要以花蜜和花粉为食，花则需要蜜蜂帮它们完成授粉工作。图中的这只工蜂正在寻找花蜜，花粉同时粘在它多毛的身体上。工蜂梳理身体，把花粉收集到它后腿上多毛的部位，这里是它的花粉储存篮。

▲ 通过气味和颤动，这只雌性的姬蜂可以发现隐藏在植物茎中的幼虫。它正要把自己长长的、像刺一样的产卵管插入植物茎中，在幼虫的体内产卵。卵孵化出来后，就把幼虫作为美餐，长得肥肥大大的。

独自生活（独居的蜜蜂），另一些蜜蜂则过着家族式的生活（社会化的蜜蜂）。

独居的蜜蜂：雌性蜜蜂一般在地下洞穴中产卵，并把卵储存在一个用花蜜和花粉做的小球中，在幼虫孵出以前死去。

在社会化的蜜蜂中，有身体肥胖多毛的大黄蜂。不过，每群大黄蜂的生命周期只有一个季节。蜂后交配完毕，在春天开始建立一个新群落。它们产卵并孵出工蜂。夏末，新的蜂后和雄蜂被孵化出来并完成交配。除了蜂后会冬眠，其他黄蜂在冬天来临之前就会死掉。

蜜蜂会精心建造自己的巢，并在巢中形成永久性的社会化群落。在每个蜂群中都有三种蜜蜂（等级）。蜂后主要负责产卵。蜂群中的其他蜜蜂大多数都是不育的雌蜂，被称为工蜂。工蜂都是蜂后的女儿，是由受精卵直接孵化出来的。它们负责筑巢、采集食物、保卫蜂群。在蜂后产下的卵中，还有一些发育成特大的细胞，成为新的蜂后。雄性蜜蜂（雄蜂）来自没有受精的卵，它们比工蜂大，没有螫针。它们的工作是在半空中与蜂后交配，然后死掉。

蜜蜂会生产出好几种物质，其中包括蜂蜜，这是用它们从花朵中吮吸的花蜜来酿造的。工蜂从身上一种特殊的腺体中分泌蜂蜡，用来筑巢。当蜜蜂出于自卫的目的用螫针蜇人时，就会释放出储存在毒囊里的毒液。工蜂还能生产出一种有营养的食物——蜂王浆，并用它来喂养蜂后和幼虫。

黄蜂

典型的黄蜂的身体是黄黑相间的。它们沿着身体的长度折叠翅膀，并在休息的时候，把翅膀放在身体两侧。成年黄蜂喜欢花蜜和甜食，不过它们也会咀嚼昆虫，并用昆虫的汁液来喂养自己的幼虫。

独居的黄蜂：在独居的黄蜂中，雌性黄蜂筑巢并产卵，但它们并不参与养育后代。许多独居的黄蜂都是寄生的。雌性黄蜂会把产卵器插入寄主昆虫（通常是一些幼虫）的体内，然后把卵产在里面。被寄生的黄蜂幼虫便在寄主体内长大，或者牢牢地附着在寄主身上。例如，雌性姬蜂有一个长长的、像针一样的产卵器，能够插进藏匿在植物深处的幼虫体内。

社会化的黄蜂：像普通黄蜂和大黄蜂，它们都会形成群落。在一个群落中，母亲（蜂后）和它的子女共同生活，并都为自己的群落工作。在热带地区，它们会形成永久性的群落，但是在气候温和的地区，它们则每年都会形成一个新群落。

蜂后交配完毕，在冬天冬眠，在次年的春天开始筑巢。它产下一批卵，并喂养一些幼虫，这些幼虫会变成工蜂——工蜂都是长着翅膀的、不育的雌蜂。然后工蜂接替蜂后开始筑巢，并喂养妹妹们。整个夏天蜂后都会持续地产卵。在夏末的时候，一些幼虫发育成雄蜂，另一些则成为发育完全的雌蜂（有生育能力的）。它们飞出去完成交配工作，然后雄蜂死掉，雌蜂则又开始在冬天冬眠，再等到次年春天，又形成新的黄蜂群落。除了能够冬眠的雌蜂，群落里的其他黄蜂有 5 万多只，都会在寒冬到来之前死掉。

头部和尾部

大黄蜂和普通黄蜂的头部与尾部看起来相似，但实际上并不一样。例如，大黄蜂的下颚不及普通黄蜂的强劲，不能咬破果皮。

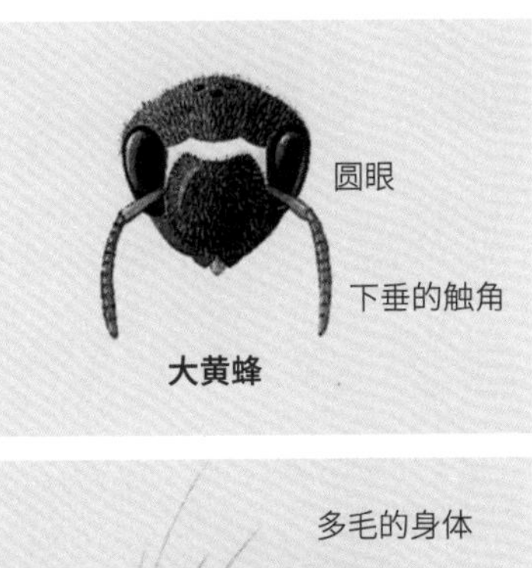

大黄蜂

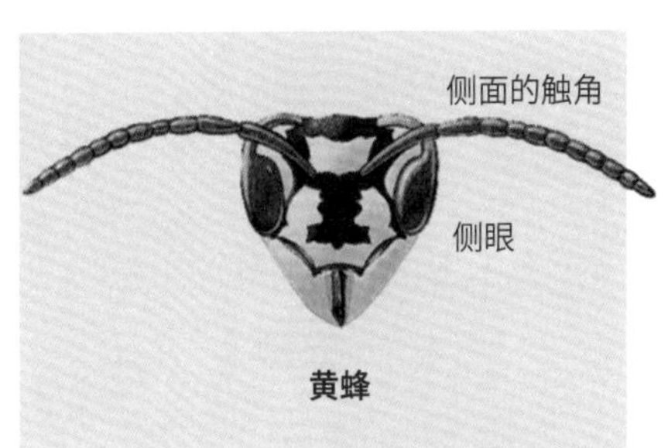

黄蜂

只有蜂后和工蜂才有螫刺。

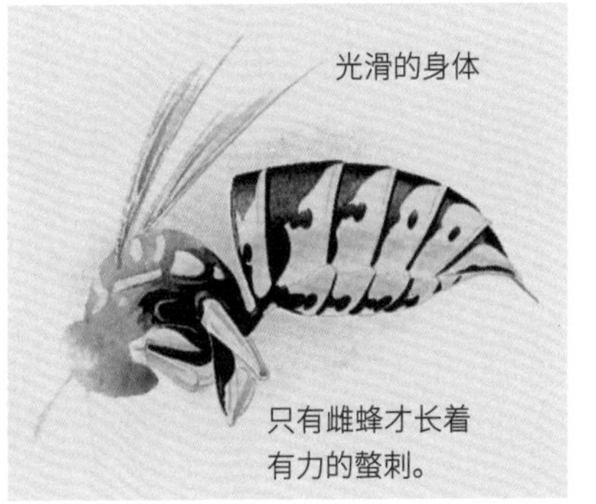

只有雌蜂才长着有力的螫刺。

觅食的黄蜂和蜜蜂

夏天，蜜蜂和黄蜂看起来很相似。蜜蜂大多数时间都在采集花蜜和花粉。黄蜂则猎取其他昆虫，用来喂养幼虫。但是，在夏末时，黄蜂也会寻找像果实之类的甜食。

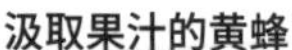

汲取果汁的黄蜂

黄蜂能够咬食和咀嚼，但它们并不会吮吸花蜜。它们只能将口器刺入果实中汲取汁液，或者食用果实表面的汁液。

主要的授粉者

蜜蜂为花儿授的粉，比蝴蝶、黄蜂、大黄蜂和苍蝇授的所有花粉还要多。

飞行的大黄蜂

大黄蜂又肥又多毛。只有蜂后才能度过冬天，并形成新的群落。

偷叶子的贼

切叶蜂把叶子咬成碎片，做成腊肠状的巢，然后在巢中产卵。

你知道吗？

不同工作

在一个蜜蜂群落里，工蜂在成长过程中会不断变换工作。首先，它们清理蜂巢中的空蜂房，准备用于产卵、储存花蜜和花粉。其次，它们的下一项工作是喂养发育中的幼虫。11 天后，它们开始生产蜂蜡，并开始修补、建造新的蜂房。18 天后，它们成为群落里的卫兵，负责杀死或驱赶黄蜂、老鼠，以及其他偷吃蜂蜜的家伙。最后，在 21 天后，它们开始寻找花朵，并采集花蜜和花粉。

蚂蚁

蚂蚁是蜜蜂和黄蜂的远亲，主要生活在热带地区，但也有一些种类生活在温带地区。它们以群落的方式生活在一起，是有高度组织性的社会化的昆虫。大多数蚂蚁都很小，不过有一些蚂蚁，像澳大利亚危险的斗牛犬蚁，身长可达 3 厘米。它们的腰部细窄，触角弯曲而锐利，下颚强劲有力。与黄蜂和蜜蜂不同，它们并不依靠飞行觅食。在一个群落中，只有部分蚂蚁长有翅膀，而这也只是为了完成交配。

蚁巢的内部结构

像那些花园中的黑色蚂蚁和草地上的黄色蚂蚁，都有高度组织化的蚁巢。这些蚁巢内的地道呈网络状结构，各种“房间”都有不同的用途。

独立居住区

在蚁巢中，卵、幼虫和蛹都被安置在独立的房间里。天冷时，工蚁就会把它们转移到蚁巢中最温暖的房间里去。

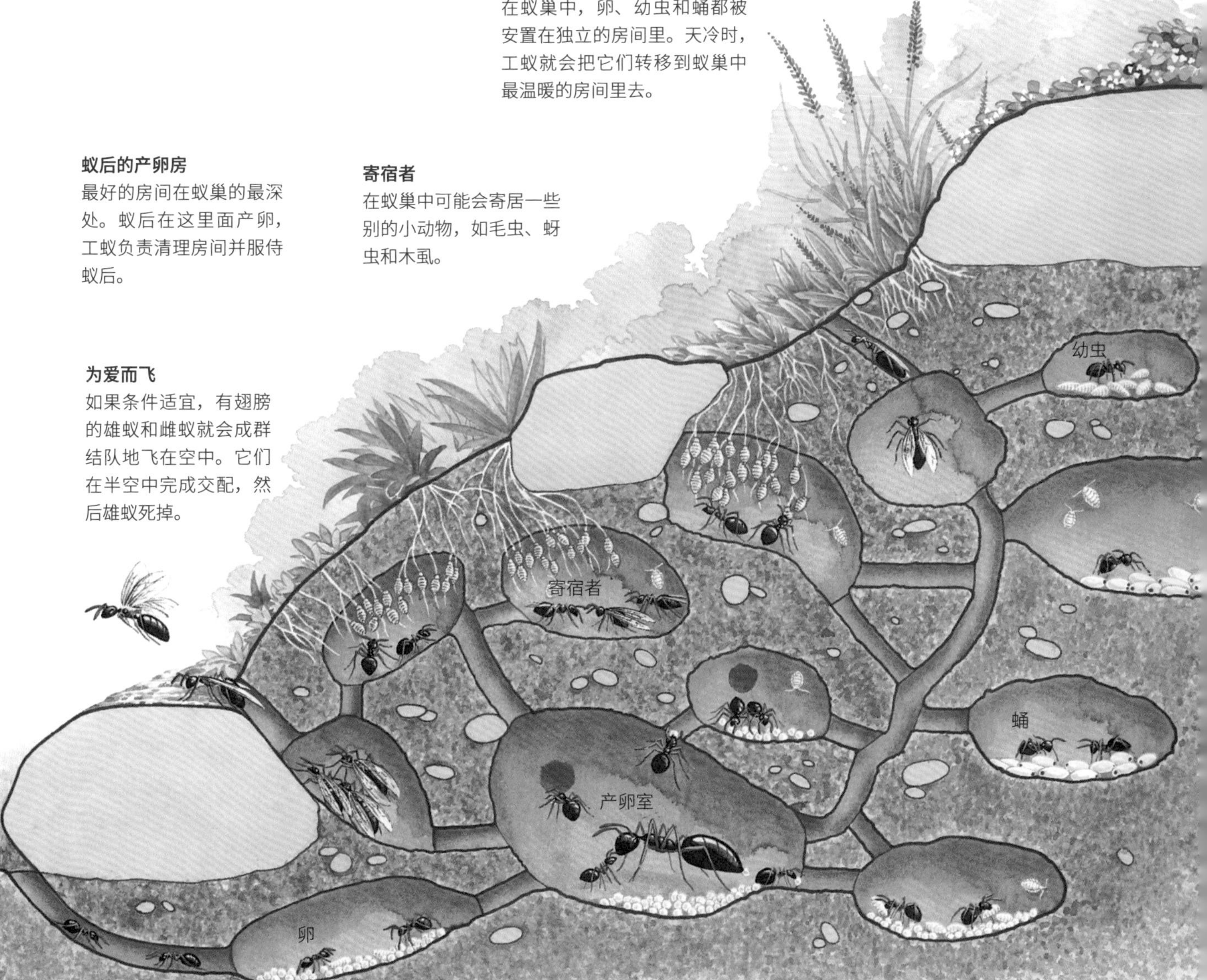

蚁后的产卵房

最好的房间在蚁巢的最深处。蚁后在这里面产卵，工蚁负责清理房间并服侍蚁后。

寄宿者

在蚁巢中可能会寄居一些别的小动物，如毛虫、蚜虫和木虱。

为爱而飞

如果条件适宜，有翅膀的雄蚁和雌蚁就会成群结队地飞在空中。它们在半空中完成交配，然后雄蚁死掉。

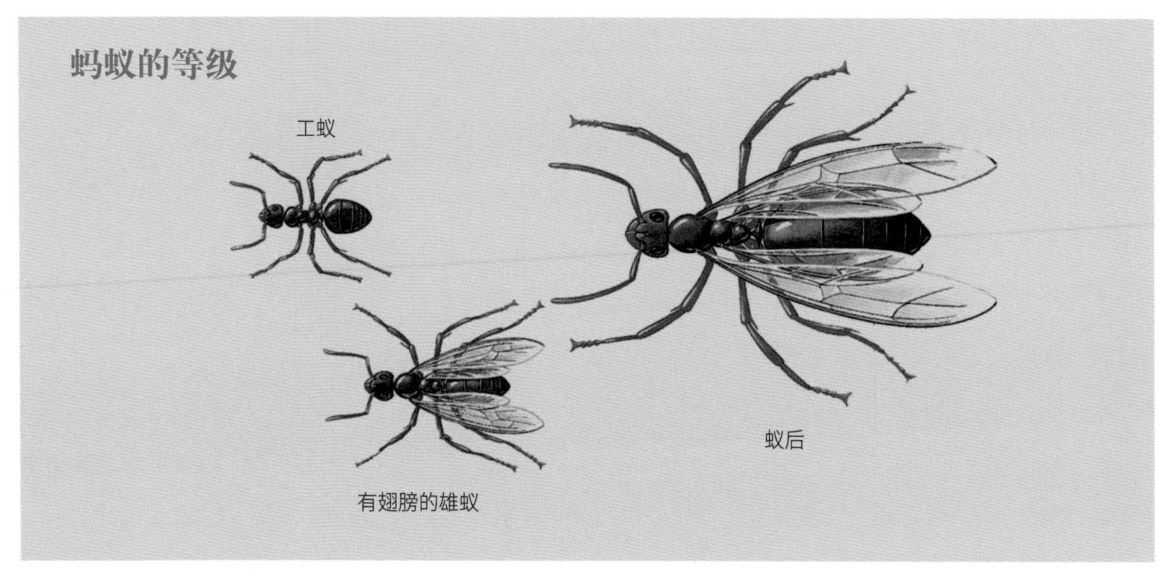

在一个大的群落中，可能会有10万多只蚂蚁，其中大部分是工蚁——它们都是不育的雌蚁。工蚁负责筑巢、收集食物、照顾蚁后和幼蚁。在每年的特定时期，蚁后和发育完全的、有翅膀的雄蚁进行交配，然后雌蚁寻找一个新的筑巢地点。雄蚁交配后就死掉，但有些蚁后的寿命却可长达18年。

蚂蚁几乎不偏食，它们可以吃各种食物。但有的蚂蚁只吃动物（食肉蚁），有的只吃植物（食草蚁）。

白蚁

白蚁的个儿很小，身体柔软，头部和下颚长得强壮。除了膜翅目昆虫，它们是唯一完全社会化的昆虫。白蚁生活在大群落中，生活方式和蚂蚁很相似，但白蚁和蚂蚁并没有关系。尽管很像蚂蚁，但白蚁并没有细窄的腰部。它们通常都是苍白色的，有时被叫作白色的蚂蚁。大部分白蚁生活在热带和亚热带地区，以树木和腐殖质为食。它们通常在地下建巢，并经常在巢穴的地面上堆起一个大土墩。

白蚁的群落是从蚁王和蚁后开始组建的。它们都有翅膀，但是在筑巢前翅膀就会蜕化。蚁后负责产卵，为了适应这项工作，它的身体会变得异常肥大。通常来说，蚁王和蚁后只交配一次。不过有些种类的白蚁，蚁王会每隔几周与蚁后交配一次。在白蚁群落中，其他成员包括尚未成熟的幼蚁，瞎的、不育的工蚁（雌、雄都有），兵蚁。与蚂蚁的幼蚁刚出生时的无助不同，

白蚁的等级

在白蚁的巢穴里，蚁后产卵；工蚁筑巢、服侍蚁后、照顾后代；兵蚁保卫蚁巢；雄蚁与蚁后交配。

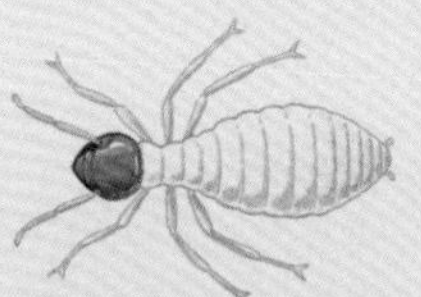

工蚁很小，而且是瞎的。

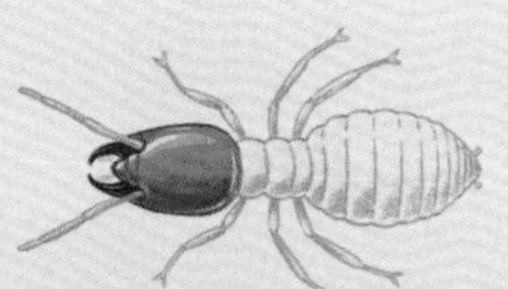

兵蚁长着大大的头和有力的下颚。

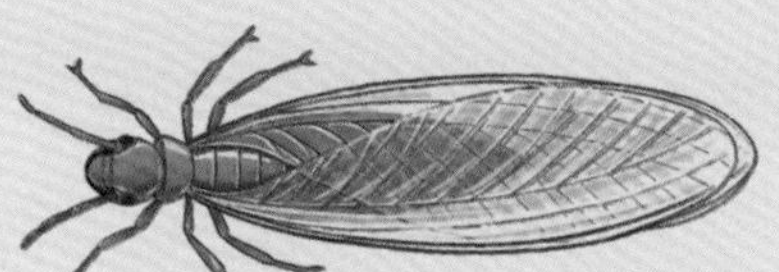

蚁王完成交配工作后，翅膀就蜕化掉了。

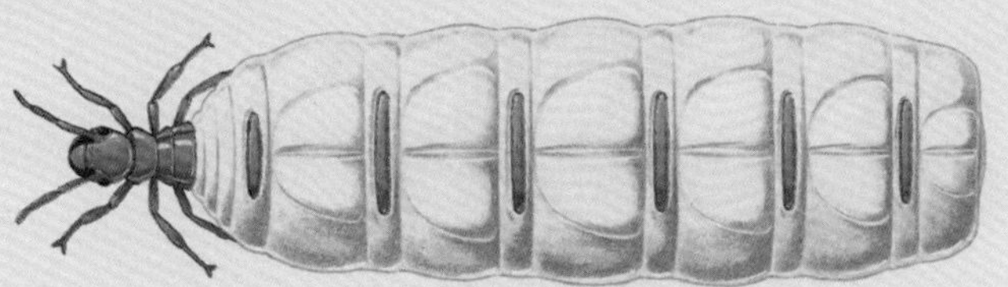

为了产卵，蚁后的腹部会变得很巨大。

▲ 别看蚂蚁个儿小，但很强壮。图中这两只木蚁为了一根大松针正在格斗。木蚁既吃动物，也吃植物，它们还会与同伴合作，一起把猎物运回巢中。如果遇到麻烦，它们就会释放尾端的蚁酸保护自己。

▲ 在繁殖季节里，年轻的雄蚁和雌蚁会长出翅膀，并离开自己的巢，完成交配，然后建立新的群落。交配后，它们的翅膀就蜕化掉了。这些蜕化的翅膀，很多都成为掠食鸟类、蟾蜍和蝙蝠的食物。

白蚁自一出生就很活跃。大多数工蚁都很小，负责建巢和觅食工作。还有一部分兵蚁长着巨大的下颚，专门负责保护蚁王、蚁后和粮仓。在每年的一个特定时候，一些幼虫会发育长大，并长出翅膀。它们就是新的蚁王和蚁后，会离开旧巢另外建立新的群落。

蚊子和苍蝇

双翅目昆虫，如吸血的蚊子、能够传播疾病的家蝇，都是最让人讨厌、最不受欢迎的昆虫。很不幸，全世界大约有10万种这样的昆虫，它们生活在地球的各个角落。

蚋、食蚜蝇、大蚊、青蝇都是我们比较熟悉的两翼昆虫。在生物学上，它们属于双翅目。它们长有一对翅膀，善于飞行。它们的后翅已经退化，取而代之的是两根细小的“平衡棒”，这是它们的平衡器官。平衡棒可以像真正的翅膀那样快速扇动。但是，它们并不能帮助昆虫朝前飞行，只能帮助昆虫在飞行中保持平衡。对大多数双翅目昆虫来说，如果没有平衡棒就不能飞行。不过，也有少数几种双翅目昆虫没有翅膀。如鹿虻，一旦树下有鹿经过，它们就会从树上飞下来，落到鹿的身上，然后抖掉翅膀，从此开始寄生生活。

双翅目昆虫通常长有一双很大的复眼，以及一对能够传递感觉的触须。足部前端长有爪子和足垫，这使得它们能够停留在任何一个物体的表面。

◀ 这种个头较大的蚊子被称为“长脚叔叔”。从图中我们可以清晰地看到这只“长脚叔叔”的平衡棒——长在翅膀后面，呈槌状。当双翅目昆虫飞行时，平衡棒能帮助它们保持平衡。

蚊子的蜕变

蚊子的“童年”是在水中度过的。成年雌性蚊子每次大约能产 300 枚卵，这些卵就像竹筏一样漂浮在水面上。孵化出来的幼虫倒挂在水中，并以一些原生生物为食。幼虫在变成蛹之前会蜕皮 3 次。它们的蛹看上去就像是一个个透明的问号漂浮在水面之下。长出翅膀的成虫先将头部露出水面，待身体完全露出水面以后就会飞走。

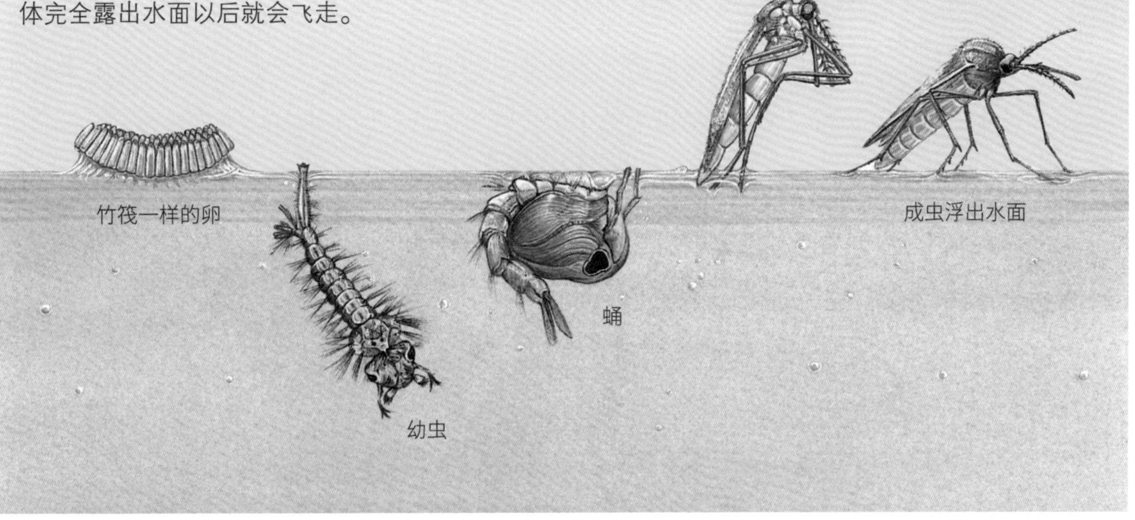

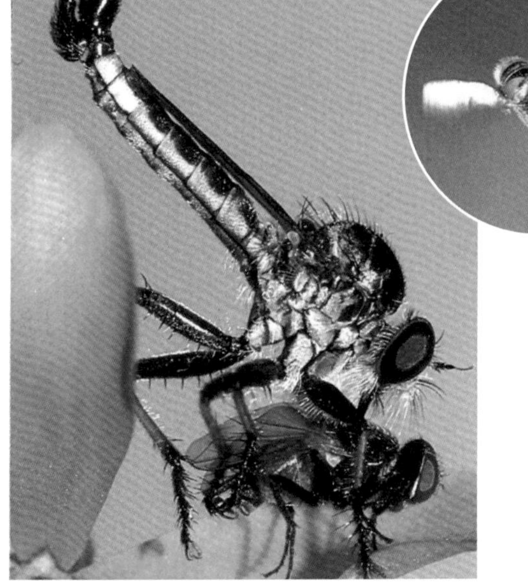

◀ 食蚜蝇与黄蜂、蜜蜂长得非常像，它们善于飞行，经常在花朵上方盘旋，甚至还能朝后飞。

▲ 这只食虫虻紧紧抓住自己的战利品。这些空中猎人利用坚硬的管状嘴，把猎物的体液吸干。在它们的头部长有可以保护眼睛的毛，从而避免猎物挣扎时给眼睛带来伤害。

你知道吗？

决斗

雄性澳大利亚鹿角蝇通常像发情的雄鹿那样解决彼此的矛盾。在鹿角蝇的颊部长着两个肉块，看上去有些像鹿角。当一只体形较大的鹿角蝇与一只体形较小的鹿角蝇相遇时，小鹿角蝇主动向后撤。如果两只鹿角蝇的大小差不多，它们就会决斗。两者把“角”绞在一起，并使出全身的力量推搡对方。决斗会一直持续下去，直到其中一方倒下或者飞走。

▲ 这是在显微镜下观察到的绵羊虱蝇，这种双翅目昆虫没有翅膀，一生都附着在羊毛上。它们也可能从一只羊的身上跳到另一只羊的身上。

没有腿的幼虫

双翅目昆虫的种类不同，其孵化习性也不同。大多数双翅目昆虫产下来的卵都需要孵化，经过一段时间之后，里面的胚胎才能发育成熟。有些双翅目昆虫产下来的卵，其孵化速度特别快，不久就会孵化出幼虫。还有一些种类，比如虱蝇，它们的胚胎在母蝇体内的卵中就已经发育，之后母蝇直接产下幼虫。

双翅目幼虫形状不一，习性各不相同。有的生活在陆地上，有的生活在水中，有的寄生在植物体内，有的寄生在其他动物身上。双翅目幼虫没有腿，通常处于“失明”状态。许多种类的幼虫都呈毛虫状，或是像蛆一样的蠕虫。它们大多喜欢生活在垃

进食方式

大多数双翅目昆虫都以花蜜、其他动物的体液或是植物的汁液为食，包括粪便。它们长有吸管一样的口器。以血液为食的双翅目昆虫，长有一个刺吸式口器。它们先用口器刺穿猎物的皮肤，然后吸食血液。

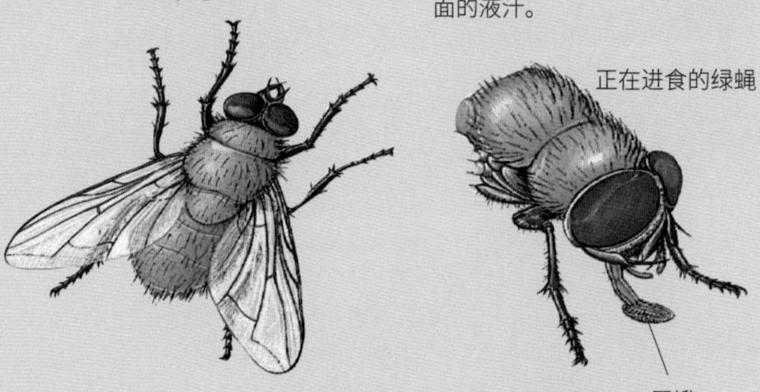

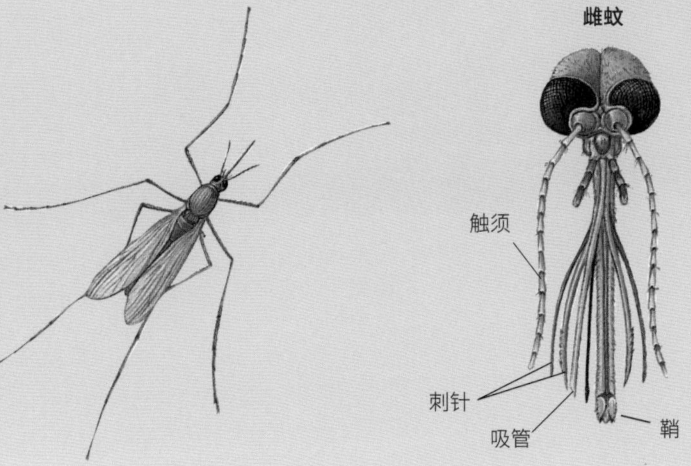

圾、粪便、水果或是腐烂的物质中。在它们的头部顶端长有可以用来刮吸食物的钩状物——用于撕碎食物、吸食汁液。还有一些种类的幼虫长有尖锐的颚。

双翅目幼虫通常会对农作物产生很大危害。果蝇的幼虫寄生在果肉中。一些大蚊的幼虫生活在土壤中，危害农作物的根。

幼虫在变成蛹之前，通常会经历若干次蜕变。一些双翅目昆虫的蛹并不结茧，而是生活在土壤里，或是漂浮在水中。蚊子的蛹在水里四处游动。青蝇的蛹覆有一层硬硬的壳——桶状蛹壳，因此不能移动。它们的身体在坚硬的蛹壳中渐渐羽化。

针头、拖把和刀片

大多数双翅目昆虫觅食花蜜，还有一些种类吸食其他液体，如血液。它们有各种各样的进食方式，其口器与进食方式相适应。例如，雄蚊用管状嘴吸食花蜜，而雌蚊的口器看上去与注射器的针头非常像，专门用来刺穿动物的皮肤，吸食血液。食虫虻经常在半空中偷袭飞虫，是有名的空中强盗。它们的管状嘴非常坚硬，能够刺穿飞虫的皮肤，之后便吸食飞虫的血液，直至吸干。

丽蝇和家蝇的口器很像拖把，进食时平贴在液体表面。它们也吃一些特定的固体食物（如糖）——先把消化液吐在上面，待食物被分解成液体后，再进行舔吸。

马蝇利用刀片一样的口器切破动物的皮肤（包括人的皮肤），之后把它们的唇瓣贴在动物的伤口处，舔吸血液。

传播疾病

一些双翅目昆虫能传播疾病。如果一只家蝇吃过粪便或是动物死尸后，又飞到厨房舔食美味，它将轻而易举地传播各种细菌，这是因为它把消化液吐到了食物上。雌性疟蚊携带疟疾病毒，当它们吸食人类血液时，会把病毒传染给人类。有的蚊子传播黄热病。昏睡病是由舌蝇（采采蝇）传播的。吸食血液的沙蝇传播一些热带疾病，如巴氏热、东方疖、黑热病等。

甲虫

甲虫是一种为人熟悉的身上长有“盔甲”的昆虫。它们的外形奇怪多变，生活习性令人惊异。一些甲虫机敏伶俐、色彩斑斓，如瓢虫；一些甲虫长有触角，如犀牛甲虫；还有一种甲虫甚至长着巨大的腹部。

在我们已知的动物种类中，甲虫大约占了 1/3，而且它们生活在各种各样的环境中。它们属于昆虫中最大的鞘翅目。在进化过程中，鞘翅目的昆虫极为成功地生存、延续了下来，并含有 35 万多个品种。

甲虫主要靠一对角状的、又硬又韧的前翅（有时也称翅基，或者鞘翅）来保护自己。这对前翅覆盖在一对更精巧的飞行翅膀之后。在昆虫没有飞行的时候，这些翅膀就会收拢起来，聚

▲ 一只雄性锹形虫彻底赢得了这场摔跤式的战斗，并把对手从自己的栖息地里掀了出去。当两只雄性锹形虫都想在同一地方交配时，就会为此扭打在一起，直到其中一方失去立足之地。

甲虫的身体部位

和典型的昆虫一样，甲虫的身子也有三个部分、六条腿、一对触角、咬颚与复眼。图中画的是一种绿色的虎甲虫。这种虎甲虫有非常大的眼睛和颚，并通过它们对猎物进行定位，从而抓获猎物。为了追逐猎物，它们还长着长长的腿。

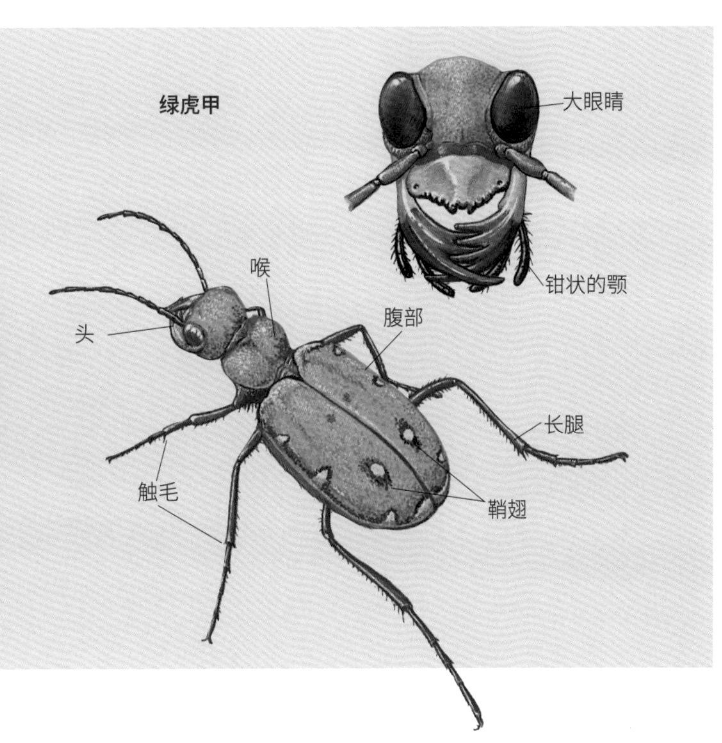

合在身体的中间部位，并盖住大部分身体。有一些物种的鞘翅很短，而且大部分腹部都不能被覆盖住，如隐翅虫。

能用强劲有力的颚部进行咀嚼与撕咬，这也是甲虫的特征之一。它们有一个非常独特的脑袋、胸腹、复眼和一对触角。象鼻虫的触角长在喙上，而长角甲虫的触角却可能比它们的身子还长。甲虫的腿也有好几种不同的类型，例如水生甲虫长着像船桨一样的腿，以便用来划水；捕食甲虫们为了奔跑，腿是长长的；挖掘甲虫为了掘地，它们的腿是宽宽的。

大部分甲虫生活在林地、森林、田野、洞穴和沙漠等陆地上，少数水生甲虫生活在淡水池塘、河流和沟渠里，还有一些生活在肮脏不堪的水塘或恶臭难闻的河流里。但是，没有一种甲虫生活在海洋里。

甲虫的幼虫

大部分雌性甲虫会产卵，并从卵中孵化出幼虫。这些幼虫会经过几次蜕皮，然后化蛹，最后变为成虫。但是胎生的巴西叶甲虫却与众不同，它们会直接产下幼虫，而不是虫卵。

龟甲虫和另外一些甲虫会守护着自己的卵，有时甚至会待在附近保护自己的幼虫。例如，特立尼达岛上巨大的食菌甲虫就会和自己的幼虫待在一起，指导幼虫如何获取新鲜的真菌食物。一些甲虫会将动物的尸体埋藏起来，并将自己的卵产在尸体的肉里面。

两星瓢虫的生命周期

两星瓢虫是一种普通的英国甲虫。人们一般能通过它们身上那带着两个黑点的红色鞘翅辨认它们。不过，有一些变种却长着带红点的黑色鞘翅。这种瓢虫在秋天或者早春季节进行交配。雌性瓢虫在整个冬季里冬眠，然后在春天产卵。

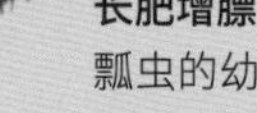

变成红色，准备出发
当身体完全干透，颜色彻底定型后，这只新的成虫就准备往空中飞了。它把鞘翅打开，进行一系列正式飞行的准备活动。

长肥增膘
瓢虫的幼虫和它们的父母看起来完全不同。它们的身子长而细，有长长的腿。它们的身体通常是黑灰色的，有黄色或橙色标记。但它们的口味与双亲相似，都喜欢吃蚜虫。一只发育完全的幼虫一天可以吃掉 50 只蚜虫。

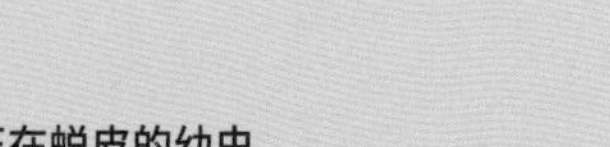

正在蜕皮的幼虫
幼虫在变成蛹之前会蜕皮三次或四次。蛹的外壳和幼虫的颜色一样，它们通过尾巴附着在叶片上。

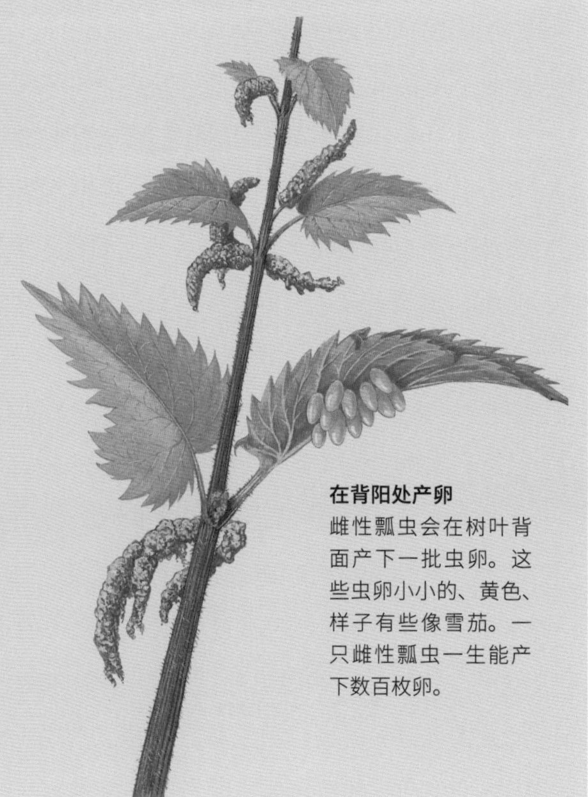

浅色的赝品
在大约六天后，蛹变为成虫。它们非常苍白，鞘翅需要好几个小时才能完全变黑、变硬。

在背阳处产卵
雌性瓢虫会在树叶背面产下一批虫卵。这些虫卵小小的、黄色、样子有些像雪茄。一只雌性瓢虫一生能产下数百枚卵。

▲ 大部分甲虫都能飞，但是很多甲虫在空中都表现得很笨拙。这种金龟子（也称小金虫）是一种机警伶俐的飞虫，它经常会撞在有亮光的窗户上。飞行时，坚硬的鞘翅向外伸展，能为它提供上升的力量。

▲ 这是在大西洋海岸的一片热带雨林里，跳甲虫一家正把叶片啃得参差不齐。一些甲虫能对树木和农作物造成很大的破坏，例如，科罗拉多甲虫专门损害马铃薯作物。实际上，这些甲虫对植物最大的危害来自它们对植物疾病的传播。

甲虫的幼虫甚至比成虫更多样化。有一些披着硬硬的外衣，另一些则肉乎乎的，如长了腿的蛆。大多数幼虫都有富于特色的头和颚，能与父母咀嚼同样的食物。多数象鼻虫的幼虫都没有腿，它们生活在自己的“食物车间”里，不需要为了吃食而走太远。南美洲的长角虫身长 15 厘米，可能是世界上身子最长的甲虫了，而它们的幼虫身长则超过 10 厘米。

为了吸引异性的青睐，很多甲虫都能发出强烈的气味（外激素）。雄性的追求者往往有很大的触角，能搜寻到雌性甲虫的气味。蛀虫则靠声音寻找交配的对象。它们的幼虫在木材里成长；成年后，雄性蛀虫会用戴了“盔甲”的脑袋把通道处的墙壁敲得砰砰响，以此吸引雌性蛀虫。

夜晚，雌性的发光虫在腹部发出一种富有诱惑力的绿光，以此来吸引雄性。为了能够捕捉到这样的光，一些雄性发光虫长着大大的眼睛。在一些南美洲的铁路甲虫的腹部上，长有 11 对“光灯”，在它们的头部附近还有一个红色的“光灯”。

雄性和雌性萤火虫同样是在黄昏后发出明亮的闪光。不同的物种，闪光频率也不同，它们就像是某种由求爱光线形成的莫尔斯电码。

活动的颚

甲虫可能是草食性的，也可能是肉食性的。很多食肉甲虫都是猎食者，还有一些甲虫以死肉（腐肉）为食。然而，大多数甲虫都是素食主义者，无论幼虫还是成虫，它们都以植物为食，

地下的老虎

绿虎甲的幼虫和孟加拉虎一样凶猛、残忍。但它们并不围捕猎物，而是潜伏在洞穴里，并把脑袋紧紧塞在洞口处。它们会通过身上坚硬的刺，将自己固定在洞口边上。当某只昆虫从洞口经过时，它们就会迅速探出脑袋，将猎物弄进恐怖的颚里，或者刺穿猎物，并将猎物拖入洞底。

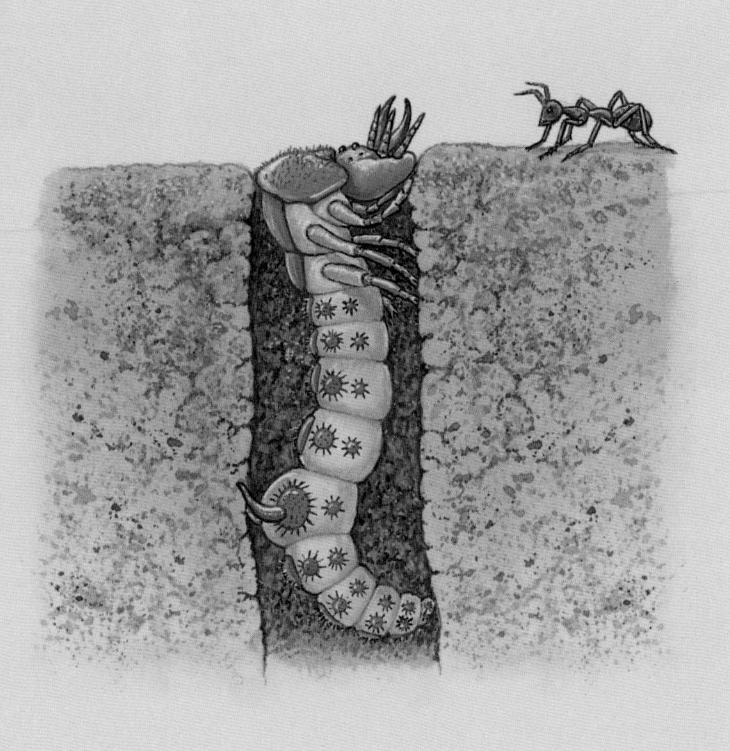

你知道吗？

甲虫吉尼斯

世界上最重的甲虫是非洲的巨人甲虫。它长达 150 毫米，重达 100 克。

速度最快的甲虫是虎甲。通过修长的腿，这种甲虫的速度最高可达每秒 60 厘米左右，这使得它们成为爬行速度最快的昆虫之一，仅次于一些热带地区的蟑螂。

金属色的吉丁虫是最长寿的甲虫，它也是最美丽的昆虫之一。在经历了漫长的幼虫期后，它们有时会从一些进口热带木材中现身而出。这种甲虫的幼虫需要用 47 年的时间，才能从一块英国艾塞克斯郡的楼梯里爬出来。

▲ 潜水甲虫的幼虫因为阴险狡诈而声名狼藉。它们会潜伏在杂草丛生的池塘里，用巨大的颚攻击里面的蝌蚪、昆虫和小鱼。

◀ 蜣螂（屎壳郎）以其他动物的排泄物为食。它们经常收集粪球，并将粪球放置在地下室中，然后将卵产在上面。图中这两只蜣螂正在努力推动一个粪球。

或者生活在植物的组织、真菌、粪便以及腐殖质里。圣甲虫和其他一些粪便甲虫会收集动物的粪球，它们以此为食，而且把卵产在上面。幼虫孵化出来后，就置身于一堆粪球中。

很多甲虫长着咬颚，用来对付各种各样的固体食物，如肉、叶片、花粉、腐殖质、卵和真菌孢子等。但也有一些甲虫长着管状的长鼻，用来取食花蜜。另有一些甲虫则吸食猎物的汁液。象鼻虫的颚长在长鼻子末端。多数甲虫会坐在叶片中间，大肆咀嚼叶子边缘。雌性的坚果象鼻虫会用长鼻子在榛子上钻一个孔，然后把卵产在里面。幼虫孵化出来以后，就以坚果为食，同时也靠坚果的外壳保护自己。

木甲虫主要以花粉为食，但它们的幼年是在树木或木材里度过的。它们的咬颚并不是为取食花粉而生，而是为了在它们幼年生活的木材里啃咬出一条通道来。雌性木甲虫同样也会在木材上咬出一些孔洞用来产卵。

生存战略

甲虫是它们天敌食谱上的佳肴，所以它们必须能够自我防护。一些甲虫通过鲜亮的颜色吓退捕食者，另一些则通过伪装使自己和环境混为一体。

当欧洲的放屁虫受到侵扰时，它们会从背部释放出一种有毒的气体，并制造出小小的爆炸声，这足以吓退任何敌人。它们能够精确、快速地将 50 枚热“化学气弹”同时射出去。不能飞的血鼻虫能从它们的嘴里滴出一滴滴的鲜血，而这会令鸟儿们感到异常厌恶。

▲ 在甲虫中，象鼻虫大约有6万个品种。它们是甲虫中的大鼻子族，经常以自己的长鼻子为乐，就像图中这只南美洲象鼻虫一样。

▲ 这是一只生活在雨林中的甲虫，它的样子很像一块刺状牛奶冻。

▲ 图中是马达加斯加的机械甲虫，它长着很长的颈，能轻而易举地看见高处的目标。

跳甲虫是超级的跳高选手，如跳蚤。被目光锐利的鸟儿发现后，它们可以迅速逃开。叩头虫能高高地跃到空中，同时还会大声发出“咔咔”的噪声，这是一种用来恐吓天敌的方法，而且当它们被天敌打败时，还能够借此扭转战机。有一些叩头虫、象鼻虫，以及脑袋长长的热带豆象会伪装死亡，这会令捕食者对它们失去兴趣。

臭虫

臭虫是以“吮吸”的方式吃食的，它们的食物主要是树浆和汁液。它们用像针一样的嘴，刺进各种动物体内和植物的内部，吸食它们的体液，这令园丁和农民十分苦恼。

臭虫不仅仅是爬行类的昆虫，它们也是一种特殊昆虫，属于半翅目——这个种类的昆虫在静止时，前翅覆盖在身体背面，后翅藏在前翅下，它们的前翅基部骨化加厚，成为“半鞘翅状”，所以被称为半翅目。臭虫生活在世界各地的草丛、森林和水塘中。

臭虫又可以分为两个不同的亚目。一种是半翅亚目臭虫，它包括划蝽、盾蝽、猎蝽、床虱和壳蝽。它们要么是肉食类的昆虫，要么是草食类的昆虫。另一种是同翅亚目昆虫，它们都以

▲ 盾蝽的名字来源于它们的身体外形。这只雌性盾蝽的周围爬满了它的幼虫。一些雌盾蝽会保护自己的卵免受其他虫子的破坏，甚至还会保护它们的幼虫。

▲ 这群蔷薇长管蚜（天生的吸食者）正在猛烈地吸食植物茎干中的汁液。

大开眼界

最好的防御形式

花蝽的幼虫喜欢吃一种日本的竹茎扁蚜。但是这种竹茎扁蚜前腿强壮，头部披甲，它们会粉碎敌人的卵，以至于那些花蝽的幼虫来不及孵出就死掉了。有的竹茎扁蚜甚至还会用它们那锋利的触角去攻击敌人的蛆。

▲ 这种泡沫是由沫蝉的幼虫产生的，它具有保护作用。

草为食，包括蝉、叶蝉、沫蝉和蚜虫。

臭虫有一个共同特征，都以液体为食。所有的臭虫都有一根细长的、顶端尖尖的，名叫喙的吸嘴。它们把喙插进植物的茎吸食汁液，或者用喙刺破动物的皮肤吸食血液。

臭虫是逐步进化来的，在进化过程中并没有完全变形。首先，卵孵化成幼虫，它们看起来很像自己的父母。大多数昆虫会蜕六次皮。每蜕一次皮，就会长大一些，看上去也更像自己的父母。它们一次比一次变得大且成熟，但是它们不会变成蛹。雌性蚜虫有时会产卵，但它们也可以不经过交配而直接生出小虫（单性生殖）。

▲ 最残忍的莫过于猎蝽了。它们抓捕住其他昆虫后，用喙将其刺破，然后吸食猎物体内的汁液。

▲ 一些圆蜡蝉，像这只长着像羽毛一样的尾巴的白蜡虫，看起来非常怪异。许多臭虫的翅膀都有明艳的色彩，其中还有一种臭虫甚至长得像美洲鳄鱼。

臭虫的基本特征

从 2 毫米长的小蚜虫到肥肥胖胖的蝉，半翅目有很多种类。不用的时候，臭虫的嘴就会缩拢在它的头下或胸膛下。臭虫通常有两对翅膀，其中，前面的一对翅膀比较坚硬。但是，水黾和划蝽只有在寻找新的水塘或冬眠之所时，才会用上它们的翅膀。还有很多臭虫根本就没有翅膀。

半翅目臭虫的前翅根部坚韧、呈角状，翅膀尖儿很薄，像皮肤或者像薄膜一样（半透明的）。它们后面的翅膀像薄膜。当它们休息的时候，就把翅膀平放在身体上。

一些半翅目的捕食者，像猎蝽和拟猎蝽，它们会用喙刺进猎物的体内，并往猎物体内注入消化液，将受害者体内的物质都变成液体，然后吮吸食用。像划黾这样的臭虫是凶猛的捕食者，它们用喙吸食蝌蚪或者小鱼。一些吸血的异翅亚目臭虫专门吮吸爬行动物、鸟类或哺乳动物的血液。

同翅亚目的臭虫在休息时，会将翅膀举起来，就像背上盖着一面屋顶。它们的前翅要么完全是角状的，要么完全像薄膜一样。同翅亚目的昆虫并不很活跃，它们大多数都吸食植物的汁液。这些汁液富含糖分，但是蛋白含量低。所以，为了获得足够多的蛋白质，它们就会吸食大

半翅目水虫

许多臭虫生活在水中。下面这三种在池塘里生活的臭虫，它们有不同的运动方式和呼吸方式。

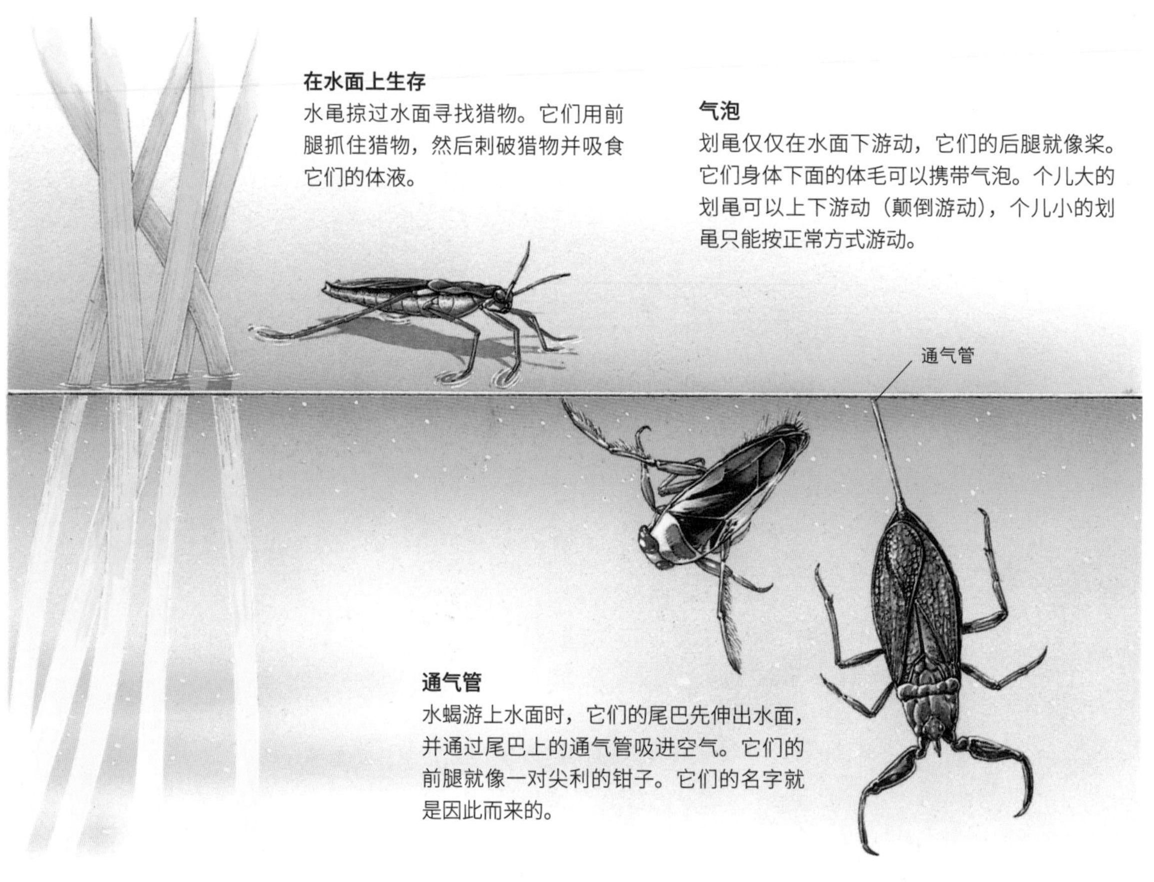

量的植物汁液以及额外的糖分。而它们体内多余的糖分又会以蜜汁的形式排出体外。蚜虫会排出大量的蜜汁，这些蜜汁都是蜜蜂和蚂蚁的美餐。

蚜虫是园丁和农夫们的天敌。壳蟮也会在它们待过的地方留下破坏的痕迹。有些臭虫，像床虱，还会攻击人类并传播疾病。

蜻蜓、草蜻蛉和蝎蛉

在所有会飞的昆虫中，蜻蜓是最出名的成员，但它们并没有被归为真正的家蝇一类。在这群五彩缤纷的昆虫中，有好几个不同的目，包括蝎蛉、常在家中进进出出的石蛾、邪恶的蚁狮以及好看的草蜻蛉。

蜻蜓、飞蠛蛄和石蝇

生活在沼泽中的恐龙冒着让蜻蜓飞进眼睛的危险，从水中抬起头来。被史前蜻蜓直接攻击会导致眼睛红肿。大约 2 亿年前，这种昆虫的大小相当于一条狗。

现代蜻蜓看上去很像古代蜻蜓，但更小一些。大多数蜻蜓的身子又细又长，但也有一些种类的身子又短又粗硬。蜻蜓长有两对大大的脉纹翅膀，在休息时，它们会将翅膀展平。此外，在蜻蜓的脑袋上，眼睛占据了大部分空间。它们可以和一些哺乳动物一样看见东西，不过，如果需要觅食或者捕捉飞翔中的其他昆虫，它们却需要有很好的视力。

在交配后，雌蜻蜓会在水中或者水域附近产卵，从这些卵里会孵出凶狠的食肉幼虫。在随后两年或者更长的时间里，蜻蜓的幼虫会统治着与它们生活在同一水域内的邻居，并觅食蚊子的幼虫、蝌蚪和小鱼。它们会用自己的"面罩"刺穿猎物，这"面罩"是像手肘一样弯曲的、有铰链的下颌，随时准备从它们的颊上弹出来，钉住受害者。在一天的时间里，蜻蜓的幼虫大约能吃下 150 只其他幼虫。它们还有一种令人吃惊的、能在水下迅速移动的方式。它们用身体后部汲水，然后将水喷出来，从而推动自己迅速前进。

当蜻蜓的幼虫完全长大后，就开始变为成虫。它们的下颌会长大，眼睛也会变大。每当夜晚来临，这些丑陋的小

你知道吗？

贝加尔湖的好运

每年秋天，在俄罗斯贝加尔湖岸边，大量石蝇会聚集在一起交配、生殖。成千上万只昆虫会爬进厚厚的岩石裂缝中。大量海鸟也会以这些交配中的昆虫为食。

棕熊也会来到这片湖泊中，享用一顿丰富的盛宴。实际上，生活在这片区域中的熊主要依靠石蝇幼虫的蛋白维持体内的能量，从而度过西伯利亚寒冷的冬天。

水中的幼虫

许多蜻蜓目昆虫都是在水下开始自己的生命的。这些幼虫先要在水里长大，然后才改变身体的形状和生活方式，最后爬出水中，到陆地上或者开始飞行。

1. 戴面具的袭击者

蜻蜓的幼虫会无情地觅食蝌蚪和小鱼。它的“面罩”是一种像铰链一样的武器，通常都弯曲在它的颏下，会突然射出来刺穿猎物的身体。

2. 恐怖的铰链

蜻蛉的幼虫有又长又细的身子，以及三条像叶子一样的尾巴，尾巴的功能可能像腮一样，使它们能够在水下呼吸。它们还能用自己那像铰链一样的“面罩”捕捉小动物。

3. 爪的抓握

在辨认石蝇的幼虫时，看看它们那两条传说中的尾巴。它们有长长的腿，每一条腿上都有爪子，能够在激流中抓住石头。

4. 钳形运动

石蚕的幼虫只有一条尾巴。沿着它的腹部，有几根接合在一起的、有毛的细丝。它用自己有力的钳子来猎食其他昆虫的幼虫。

5. 蹲伏的吸盘

飞蝼蛄的幼虫有三条窄窄的尾巴。它的身体是扁扁的，当它在水中游时，能够减少水的阻力。它的下身就像一个吸盘，能够吸附在岩石和漂石上。

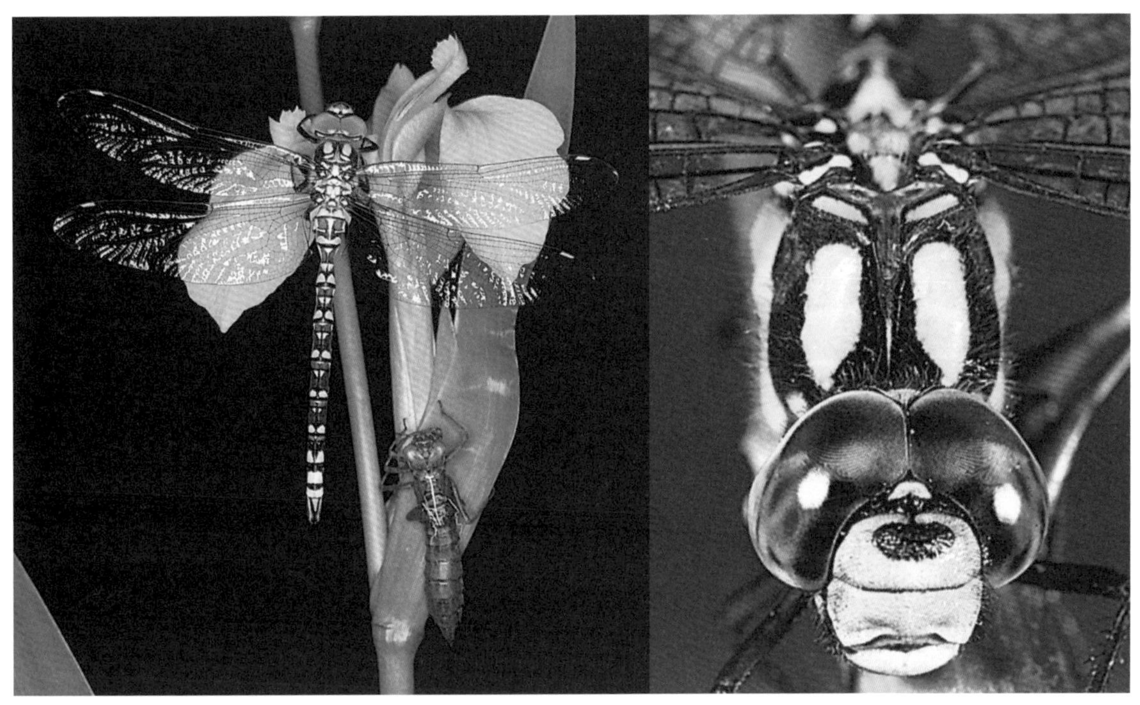

▲ 完全长大的蜻蜓的幼虫会爬出水面，爬上植物的茎杆并蜕皮，展现出自己成年成虫的身体。蜻蜓那巨大的复眼，每一只都含有大约3万个光敏感平面。

东西会慢慢爬出水面，爬上植物的茎。它们的皮肤会裂开，展现出新的成虫的身体。它们那皱皱的翅膀会膨胀，等水分干后，再蜕掉原有的那层旧皮肤。

蜻蛉和蜻蜓都属于蜻蜓目昆虫。它们的样子和行为方式都很相似，但是蜻蛉更小、更好看，飞行能力比蜻蜓弱。蜻蛉会将翅膀沿着身子折叠起来，或者在休息时让翅膀半展开着。它们通常都是在一年之内完成自己的生命循环。

飞蝼蛄是一种非常精致的昆虫，长有两条或三条长长的尾巴。它们主要在夜晚或薄暮时分飞翔，从来不会距离水域太远。成年飞蝼蛄只能生存几个小时或者仅仅几天，这段时间仅供它们交配和产卵。飞蝼蛄的幼

▲ 夏天，会有成群的飞蝼蛄聚集在水面上。雌性会进入飞翔的雄性群体中，它们在飞行中进行交配。然后，雄性会死去并掉进水里，而水中此时已有大量饥饿的鱼儿在等待着这些死亡的雄性飞蝼蛄。雌性飞蝼蛄会先在水面上产下它们的卵，然后再死去。

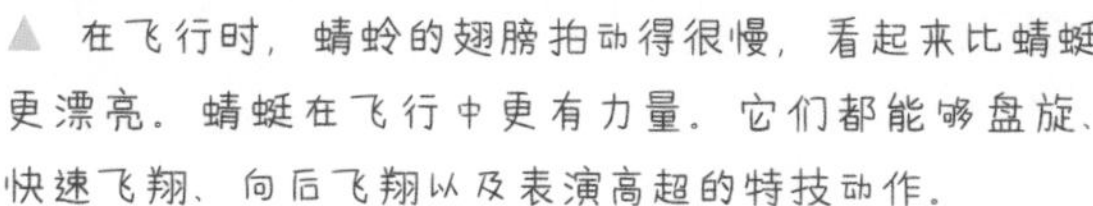

▲ 在飞行时，蜻蛉的翅膀拍动得很慢，看起来比蜻蜓更漂亮。蜻蜓在飞行中更有力量。它们都能够盘旋、快速飞翔、向后飞翔以及表演高超的特技动作。

▲ 当雌性蜻蛉将尾巴尖端浸入水中产卵时，雄性蜻蛉会牢牢夹住雌性蜻蛉。在交配时，雄性蜻蛉会用一种被称为“尾脚”的特殊尾钳夹在雌性的脑后。这被称为前后直线姿势。然后，雌性蜻蛉会蜷缩起自己的腹部，收集雄性的精子。

虫会爬到溪流、河流，或者湖泊中的岩石上，并在岩石下掘洞，以生长在岩石上的藻类植物为食。在它们将近成年、飞行力量尚弱，并能彻底离开水域前，会有几次蜕变。每次蜕变之后，它们都会更成熟（更接近成虫）。它们是唯一一种在翅膀完全长成后，仍然会继续蜕变的昆虫。

石蝇生活在急流、河流，或者湖泊岩石岸边附近。它们的幼虫生活在水域中，以藻类和其他小生物的颗粒为食。有一些大型种类会利用长长的触须挑选美味的食物，比如其他的幼虫。它们大概要在水域里生活三年，在完全成为有翼成虫之前，大约要蜕变 30 来次。但成虫的寿命只有几个星期。

草蜻蛉、蚁狮和蛇蛉

蚁狮看上去有一点像蜻蜓，但是它们属于不同的目。蚁狮是脉翅目昆虫。在这一个昆虫目中，还有草蜻蛉和蛇蛉。

草蜻蛉生活在花丛和灌木之中，在这里，成虫和幼虫都会吃下大量蚜虫和其他身体柔软的昆虫。巨大的草蜻蛉幼虫会将自己的猎物刺穿，然后用有毒的唾液使猎物中毒。有的幼虫还会用死去的受害者——蚜虫的身体来伪装自己。雌性草蜻蛉一次大约能产 500 枚卵，每一枚卵都

蚁狮的坑

有一些蚁狮的幼虫能够设下圈套捕捉猎物。这些幼虫会在土壤或沙地里挖一个坑，并在坑底等待猎物。此时，它们的下颌朝外伸着。当蚂蚁或其他小昆虫走到坑的边缘上时，可能会滑下陡陡的洞壁，从而落入蚁狮幼虫的陷阱之中。

悬挂在一根叶片下的细线上。

赤杨蚊是草蜻蛉的近亲。它们不太能飞，但是会在水域附近的植株上休息。成虫将香烟形状的卵产在芦苇或其他水生植物上，幼虫就从这些卵中孵化出来。然后，它们会掉落到植物下面的水中。两年后，幼虫会爬出水面，并在岸边软泥中掘洞。它们在洞里化蛹，然后在两三周后以成虫的形式展现出来。

蚁狮主要在夜晚飞行，专门在植物丛中搜寻小昆虫。白天，它们会躲藏在植被中休息，又长又窄的翅膀朝后，紧靠身体折叠着。蚁狮的幼虫是蚂蚁、蜘蛛和其他昆虫的死敌。有一些蚁狮幼虫会在落叶垃圾堆或土壤中寻找猎物，而其他一些蚁狮的幼虫

▲ 焦渴的吃蚜虫者——一只蛇蛉正在嫩枝末端休息，它的脖子向外伸着，就像一条警惕的眼镜蛇。蛇蛉会在树皮下猎食、搜寻猎物。

▲ 这只草蜻蛉看上去很漂亮，它的翅膀像纱一样。但它却是一个残忍的捕食者。成虫会用专供咀嚼的口器吞食蚜虫和其他猎物。草蜻蛉的幼虫还会将自己的下颌刺进受害者的身体，并吸食受害者的体液，直到猎物枯竭。

则会设下一个特殊的坑洞作为陷阱诱捕猎物。

蛇蛉的名字来源于它们那长长的、像蛇一样的脖子。它们主要生活在林地里，成虫在林地中以蚜虫为食。雌性成年蛇蛉有长长的产卵器，长着像蛇一样的脑袋。它们以生活在树皮下或者死去的木材中各种不同的昆虫为食。成虫很少进食，但它们的水生幼虫会吃植被和小型水生生物。

蝎蛉和石蚕

蝎蛉属于长翅目昆虫。这个目中的昆虫大约有 600 种。石蚕属于毛翅目昆虫，是与长得像蛾子的昆虫毫无关系的目。

蝎蛉的名字来源于其中一些种类，雄性昆虫腹部是尖尖的、朝上翻。这是一种体形细长的昆虫，有瘦长的腿和两对长长的翅膀。它们长长的头部朝下伸，并且长有细细的喙，喙的末端是尖尖的。大多数蝎蛉都生活在植被浓密的、凉爽的、潮湿的地方。在这些地方，它们可以靠死亡植物、昆虫，甚至哺乳动物的腐体为食。有一些种类甚至还会猎捕活着的昆虫。

雄性蝎蛉会发出一种气味来吸引雌性，虽然对它们来说，交配是一件冒险的事。许多雄性蝎蛉在交配完成前，就会被雌性吞食。所以，为了转移雌性的注意力，雄性会迅速释放出一些淬水（这是一种富含蛋白质的唾液），涂抹在附近的树叶上，供雌性在交配时吞食。雌性蝎蛉会在潮湿的土壤或腐烂的木料中，产下一打打成团的卵，大约 100 枚。它们的幼虫看上去像毛虫。

雄性蝎蛉可以通过它那肿胀的尾巴尖端来辨认——这是一圈致命的套环，但实际上，蝎蛉的尾巴只是一种凶险的假象，它只是这种昆虫身上再生的部位。

石蚕主要在夜晚出现。它们的翅膀多毛。休息时，会把翅膀像屋顶一样举着。雌性石蚕会在水边植物像果浆一样的果实上产卵。孵化出来的幼虫会落进水里，并很快开始为身体生长新的外壳，为自己提供伪装和保护。它们会抢夺细小的石块、嫩枝或贝壳，并将自己牢牢附着在用从唾液腺中吐出来的丝纺出的丝管上。

大开眼界

垂悬的昆虫

有一种被称为“挂线昆虫”的蝎蛉，它拥有很特别的捕食方式。它会用前腿将自己挂在嫩枝或植物上，而将后腿朝下拖着。当一只粗心大意的昆虫飞到它的捕猎范围中后，它就会举起自己那悬挂着的腿抓住猎物，并开始狼吞虎咽。

一些雄性蝎蛉会以猎物作为礼物诱惑雌性。礼物会促使雌性蝎蛉与雄性交配。如果还有剩下的猎物，那么，雄性蝎蛉还会用这剩下的食物去诱惑其他雌性蝎蛉。

蟑螂和螳螂

陆地上跑得最快的昆虫是蟑螂。然而，它们却是行动迟缓的螳螂的近亲。对这一点，你可千万不要被愚弄了——螳螂是灌木丛中的"成吉思汗"，当它们用自己那带有利刺的胫节抓捕蚱蜢时，对猎物毫无怜悯之情。

在有翅亚纲昆虫中有两个亚目——蜚蠊目和螳螂目。蜚蠊目的代表有蟑螂，螳螂目的代表为螳螂。它们有两点是一样的：雌性和雄性的头部都呈三角形、朝下、有锐利的口器；雌性的卵都产在一个能起特殊保护作用的卵囊中。除此之外，它们看上去并不相似，生活习性也相当不同。蟑螂的腿较长，是昆虫世界中的速度大王；螳螂是食肉昆虫，行动缓慢，擅长埋伏。而它们的远亲——竹节虫和叶虫，都是竹节虫目中的伪装专家。

▲ 这只螳螂的正面图像显示出它的三角形脑袋，以及专门用来发现猎物的大眼睛。它正用尖利的长腿抓着一只被咬断了身子的蟋蟀。

像甲虫的蟑螂

蟑螂身子平滑，像甲虫一样，触角较长，腿瘦长、尖利。它们的脑袋几乎完全被护罩一样的前胸背板覆盖着。蟑螂那又长又细的触角是由许多小节组成的。会飞的蟑螂有坚韧的前翅，前翅盖在像皮肤一样的后翅上——后翅通常如扇子一样折叠

▲ 在这只雌性的美国蟑螂的腹部上，粘着一个暗红色的“豆荚”，这就是卵囊。蟑螂会一直携带着这只卵囊四处活动，直到里面的卵孵化出来。

▲ 这是一些东方蟑螂的幼虫，它们正在面包屑上享受盛宴。这些热带蟑螂已经成为全世界的害虫。它们主要生活在温暖的建筑物中。它们在爬行的时候，专门嗅闻那些腐臭的食物。

着。有一些品种的蟑螂没有后翅，不能飞。

蟑螂主要在夜晚出来活动，是食腐昆虫，专吃死去的植物和动物。有几个品种，比如东方蟑螂、德国蟑螂和美国蟑螂，它们遍及全世界，是国际性的害虫。它们主要在温暖的仓库、厨房等藏食物的地方大量繁衍。

雌性蟑螂产下的卵被封闭在一个像豆荚一样的、防水的卵囊中。有一些蟑螂会带着卵囊四处活动，卵囊粘在它们的腹部外面，直到里面的卵孵化出来。幼虫看上去就像它们父母的微型版本，进食习性也与它们的父母一样。在它们的成长过程中，大约要经历12次蜕皮，直到成年。

螳螂的繁殖与生存

螳螂的身子又长又细，有长长的颈，脑袋是三角形的。当螳螂巨大的眼睛随着猎物移动时，它们的脑袋也会转动。与蟑螂相比，它们的触角较短，前翅更厚、更坚韧。它们的后翅在展开时呈膜状，有时候有明亮的颜色。

螳螂生活在灌木丛、草丛和其他的植被丛中。当它们静止时，身体的形状和身上的颜色——绿色、灰色和褐色为它们提供了很好的伪装。花螳螂颜色鲜艳，看上去像花朵一样；还有几种生活在地上的螳螂，身上的图案看上去像石头。所有的螳螂都是食肉昆虫，也是擅长埋伏的专家。在等待猎物时，它们那又大又尖利的前腿会弯曲在面部前方，看上去就像在祈祷一样。当一只昆虫漫步进入它们的捕猎范围时，螳螂就会以闪电般的速度抓住猎物，并用前腿上的尖刺刺穿猎物——它们的前腿就像小刀一样会猛然开合。然后，它们会用自己有劲儿的颚，把猎物的肉撕下来。

竹节虫和叶虫

竹节虫主要生活在气候温暖的环境里。它们身子纤细，像棍子一样，身上的颜色是绿色的或者褐色的，这使得它们在自己生活的树林、灌木丛和草丛中很难被发现。大多数竹节虫都在晚上活动，以植物叶为食。但是在白天，它们都静静地躲着，此时，它们看上去就像植物的嫩枝或树枝。它们正是靠这种伪装生存了下来。有一种非洲竹节虫能长到 40 厘米长，看上去就像是一根树枝。

许多竹节虫都是单性繁殖。不需要交配，雌性竹节虫就能产下大量的卵。它们的卵较大，外面有硬壳。雌性竹节虫通常会把这些卵囊随机“扔”到地上去。当成千上万的卵囊被“扔”到地上时，听上去就像下雨一样。

叶虫主要生活在东南亚、新几内亚和澳大利亚的野外地区。有一些看上去就像新鲜的绿叶；还有一些看上去就像枯死的、褐色的、发霉的树叶。甚至还有一种叶虫看上去像蕨类植物。

▲ 许多竹节虫会飞，其中有一些竹节虫的翅膀还会闪光，这能使其他的食肉昆虫感到震惊。还有一些竹节虫在保护自己时，会发出“咝咝”的声音，或者会从它们的口中滴下一种臭臭的液体。

▲ 叶虫看起来就像身子扁平的竹节虫。这种生活在新几内亚的品种，身上的花纹就像叶脉一样。

▲ 这群微小的、刚孵化出来的螳螂幼虫，一起出发搜寻昆虫食物。雌性螳螂会产下数百枚卵，不过它们的卵通常会被寄生蜂的幼虫破坏。

雌性螳螂通常比雄性螳螂大一些，交配对雄性螳螂来说是一件冒风险的事。在交配时，雌性螳螂会咬下雄性螳螂的头。不过，在雌性螳螂吞食雄性螳螂的头颅时，由于神经反应，雄性螳螂仍然会继续与雌性螳螂交配。通过这种美味，雌性螳螂获得了有价值的营养。雌性螳螂产下的卵有时多达 400 个，这些卵被泡沫一样的糖与蛋白的混合物包裹着。当泡沫状的糖与蛋白的混合物变硬后，就像一个具有保护作用的钱包。这些“钱包”往往附着在植物的茎秆上、树干上或者岩石上。

蜥蜴

在地球上，生活着各种各样的蜥蜴。它们全身覆有鳞片，喜欢蹲伏。蜥蜴的模样虽然丑陋，但它们却是爬行动物中最绚丽多姿的一族。

在所有爬行动物中，蜥蜴的分布最广，种类最多。全世界有 3000 多种蜥蜴，从北极圈到南美洲的最南端都能看到它们的身影。蜥蜴大小不一，有的体长只有几厘米，有的体长达 3 米多。它们形态各异，身体颜色丰富多彩。

大多数蜥蜴的体形都比较小，且行动灵活，通常生活在地球上比较温暖的地带。它们都是冷血动物——体温不恒定，体表覆有一层干燥的鳞状皮肤。它们在活动之前，必须先在太阳光下暖和暖和身体。在寒冷的环境下，或者太阳还没有出来的时候，它们可能根本没法大量活动。但是，作为一种冷血动物，它们能在食物短缺的环境中生存下来。这是因为它们不需要利用自身的能量取暖，而哺乳动物必须依靠充足的食物来保持体温。如果天气非常寒冷，蜥蜴就会在安全的洞里或裂缝中冬眠。

为了争夺雌性蜥蜴，雄性蜥蜴之间通常会进行激烈的打斗。交配之后，有些雌性蜥蜴会产下受精卵，有些雌性蜥蜴则把受精卵保存在体内孵化，这意味着它们能直接产下蜥蜴幼崽。从外形上看，蜥蜴幼崽与它们的父母几乎一模一样，但是，它们的身体颜色通常与父母不同。蜥蜴幼崽一出生就必须学会保护自己。随着身体不断地长大，它们会定期蜕皮。与蛇一次性蜕掉整张皮不同，蜥蜴的皮通常成片蜕落。

壁虎

壁虎是一种小型蜥蜴，广泛分布于热带、亚热带和温带地区，有 600 多种。它们的体形较小，大部分属于夜行性动物。当暮色降临以后，许多壁虎开始从墙缝里钻出来四处觅食。它们的食物主要是昆虫，如蚊、蝇、飞蛾等。

相对于扁平的身体而言，壁虎的头和眼睛看上去都比较大。壁虎的每只脚上都长有 5 个足趾，趾下长有脊状足垫，足垫上还生有许多细毛，这使得壁虎能够牢牢地黏附在光滑的物体表面——在垂直的墙壁上快速爬行，甚至倒挂在天花板上。壁虎在一些比较隐蔽的地方产卵，每次产2枚，卵壳较硬、易碎。蜥虎通常把卵产在锁眼里。

蜥蜴

蜥蜴科（又称正蜥科）约有200名成员，广泛分布于欧洲、亚洲和非洲。它们一般体形细长，尾巴又长又尖，而且非常灵活。欧洲捷蜥蜴、壁蜥蜴和欧洲蓝斑蜥蜴都属于蜥蜴科蜥蜴。

人们有时也能在北极圈内发现胎生蜥蜴的踪迹。胎生蜥蜴是分布在最北端的蜥蜴之一。蜥

▶ 当鬃狮蜥面对捕食者时，它们会张开大嘴、膨起多刺的喉垂来吓唬对方。

你知道吗？

奇特的爬行动物

楔齿蜥的外形与蜥蜴非常像，但是，它们不是蜥蜴。它们属于喙头目，是爬行纲中最古老的类群之一，已经在地球上生存了大约两亿年。楔齿蜥只生活在新西兰的一些小型岩石岛上。它们白天躲在洞穴里，黄昏以后才出来觅食昆虫。

蜴科蜥蜴主要以蜘蛛、蠕虫、昆虫和蜗牛为食。在繁殖季节里，雄性蜥蜴经常为争夺雌性蜥蜴“大打出手”。交配时，雄性蜥蜴用自己的颚将雌性蜥蜴固定住。树栖蜥是蜥蜴科在美洲相对应的成员，它们形态各异，大小不一。

巨蜥

巨蜥是一群行动敏捷、脾气暴躁的大型捕食者，大约有 30 种。它们的颈部很长，尾巴粗大，爪子锐利。当遇到危险的时候，长长的腿可以帮助它们迅速逃跑。但是，它们一旦陷入绝境，也会拼命反抗。

◀ 对暗影巨蜥而言，攀爬树木是一件很轻松的事情。有些巨蜥不仅是攀爬高手，还是游泳高手。在地面上时，它们的行动速度也比较快。

▲ 这是一种生活在澳大利亚的巨蜥，它伸出长长的叉状舌头，来搜寻空气中的气味。它们的体形较大，通常能长到 2.5 米，仅次于科莫多巨蜥。它们主要觅食鸟类、昆虫、蛇、其他蜥蜴和鸟蛋，偶尔还能猎食小袋鼠。

你知道吗？

凶猛的巨蜥

科莫多巨蜥是世界上体形最大的蜥蜴，通常能长到 3 米。它们生活在印度尼西亚的一些小岛上，主要以动物腐肉为食，有时也会猎食鸟类、鹿、猴子和丛林猪，甚至还会攻击人类。它们利用强有力的爪子和锋利的牙齿将肉一块块撕下。有时，它们会因为吃得太多而一连几天都无法行走。

▼ 这是一种日行性壁虎，通常白天出来活动。它们身上的颜色比较明亮。大多数壁虎的眼睛上都覆有一层透明的保护膜，看上去就像是戴着一副眼镜。它们用自己的舌头清洁“眼镜”。

▲ 这种蜥蜴叫作侧纹脆蛇，它们的四肢已经完全退化，看上去与蛇非常相似。侧纹脆蛇通常能长到约1米，主要觅食蜗牛、昆虫、蜘蛛、蛇和其他蜥蜴。

▲ 一只黑斑项圈蜥的幼崽从卵里探出了头。蜥蜴卵的外壳比较坚韧，如同羊皮一般。并不是所有的雌性蜥蜴都产卵繁殖，有些雌性蜥蜴能直接产下幼崽，还有一些种类的蜥蜴通过孤雌生殖进行繁殖——蜥蜴卵不经过受精就能发育成新个体。

尼罗河巨蜥生活在东非地区，体长能达到2米多。它们不但善于游泳，还是攀爬高手。它们的皮肤为深绿色，上面有黄色斑纹，便于伪装。它们以小鱼、青蛙、鳄鱼卵和鳄鱼幼崽为食。在澳洲，生活着20多种巨蜥。

▲ 石龙子的嘴呈铲形，身上的鳞片非常光滑，这都使得它们能在北非的沙漠里挖出长长的"地道"。它们通常在凉爽的清晨出来觅食。

石龙子

石龙子是一种比较常见的蜥蜴，品种多达上千种，遍布地球上所有温暖的地带。少数几种生活在树上，一些生活在地面上，多数生活在沙地或者洞穴里。它们的体形较长，头部较小，眼睛很大，腿部短小。大约近半的石龙子产卵繁殖，其余的则直接产下幼崽。在非洲北部，可以看到一种被阿拉伯人称为

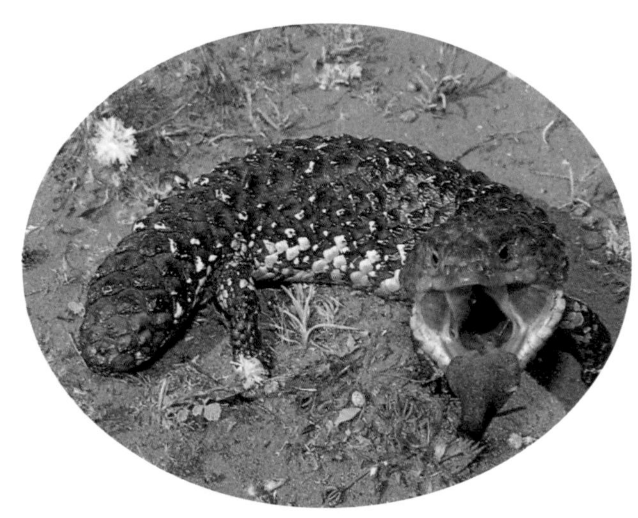

◀ 松果石龙子生活在澳洲，它们体形肥胖，身上披有鳞片。当遇到危险的时候，它们会伸出深蓝色的舌头，这种防御方式通常让捕食者为之一惊。它们的尾部与头部几乎一样粗，具有很大的迷惑性。

“沙鱼”的石龙子，它们能在沙漠中迅速穿行，看上去就像是在沙子里“游泳”一样。

大胎生蜥生活在澳大利亚东北部，外形与鱼类相像。它们生活在森林里，觅食昆虫、老鼠和其他小型生物。佛罗里达石龙子生活在岩岸附近，以螃蟹和其他海生生物为食。它们是游泳高手，可以一口气在水中待上若干分钟。猴尾石龙子生活在所罗门群岛上，体长约有 60 厘米，长有一条能够抓握树枝的尾巴。

鬣蜥和飞蜥

鬣蜥是蜥蜴中的一个大家族，大约有 700 种。它们大小不一，有的体长只有几厘米，有的体长则达 2 米。大多数鬣蜥都生活在美洲。一些鬣蜥具有相同的身体特征：背上长有高高的背鬣；尾巴很长，像鞭子一样；颈部长有喉垂。总之，这些鬣蜥看上去与它们的史前祖先非常相似。

鬣蜥的皮肤通常为绿色，有些鬣蜥能够改变身体颜色。它们生活在树上，以树叶和水果为食，有时也吃昆虫、小型哺乳动物和鸟类。生长在中美洲和南美洲的美洲鬣蜥，体长大约为 2 米。它们通常生活在水边的树上，一旦发现危险，就立即跳入水中。

在太平洋的加拉帕戈斯群岛上，生活着两种鬣蜥。海生鬣蜥以海草为食。陆生鬣蜥完全生活在陆地上，主要以多刺的梨形仙人掌为食。体形肥胖的陆生鬣蜥，看上去总是一副无精打采的模样。

冠蜥生活在美洲中部，经常会竖起漂亮的头鬣，这使得它们看上去就像是缩小版的恐龙。安乐蜥、角蜥、强棱蜥和变色蜥都是鬣蜥家族中的成员。

▲ 把壁虎翻过来，我们可以看到，它们的脚部结构非常特殊——足趾下面长有脊状足垫，足垫上还生有许多细毛，这使得壁虎能够“飞檐走壁”。

▲ 一只海生鬣蜥潜入海里，觅食海草。这种鬣蜥能够潜到水下约 12 米处，并能一口气在水下待上 30 分钟左右。

变色龙

变色龙主要分布于非洲，特别是马达加斯加岛。有些变色龙产卵繁殖，有些则直接产下幼崽。有的变色龙能长到 60 厘米，有的则只有几厘米长。

蜕皮

与其他蜥蜴一样，变色龙也会定期蜕皮。大多数变色龙都生活在树上，觅食昆虫和其他猎物。

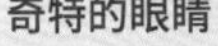

奇特的眼睛

变色龙的眼睛又大又灵活，上面覆有锥状眼睑。它们的眼睛比较独特，右眼和左眼可以各自活动。因此，变色龙可以在同一时间朝两个不同的方向看，这使得它们能够一边觅食，一边观察周围是否有危险存在。

头上的角

两只雄性杰克森变色龙正在决斗。许多变色龙的头上都长有角，从一只到四只不等，这是它们炫耀的资本和打架时的有力武器。

死亡之吻

变色龙利用舌头捕食昆虫。它们的舌头很长，能分泌大量黏液。昆虫一旦被黏在上面，它们就会把舌头连同猎物一起缩回口中。它们的四肢较长，指和趾合并分为相对的两组，从而能够紧紧地抓握住树枝。它们的尾巴也很长，能够缠住树枝。

伪装高手

一只豹纹变色龙隐藏在植物丛中。变色龙是自然界中的伪装高手，它们能在一两分钟内改变身体的颜色。改变身体的颜色不仅能很好地进行伪装，还能调节体温、向对手示威，以及向配偶求爱。

发出信号

一只绿色的塞内加尔变色龙张开大嘴，向一只地位低等的变色龙发出信号，表明自己的统治地位。而地位低等的变色龙则把自己的身体颜色变为白色，表明自己的从属地位。

▶ 为了吸引雌性安乐蜥，这只雄性安乐蜥膨起了色彩艳丽的喉垂。当然，此举也会让一些竞争对手知难而退。安乐蜥用一种相当复杂的肢体语言和信号语言进行交流——摆动头部、炫耀喉垂，甚至改变身体的颜色。

▶ 这是大名鼎鼎的冠蜥，生活在美洲中部。它们的后肢较长，可以直立。冠蜥能够利用后肢在水面上快速奔跑。

飞蜥有 300 多种，看上去很像鬣蜥，但是它们主要生活在亚洲、非洲、澳洲和南欧的温暖地带。东南亚斑飞蜥长有一种特殊的翼膜，这使得它们能在林间滑翔。魔蜥生活在澳大利亚的沙漠里，全身覆有很多刺状鳞，一口气能吞食 1000 多只蚂蚁。棘刺尾蜥生活在非洲北部和亚洲西部。当生命受到威胁时，它们会急忙逃回洞中，然后把强壮且长有刺状鳞的尾巴伸出洞外，对捕食者一通横扫。

大开眼界

特殊的感觉器官

蜥蜴的上颚长有"犁鼻器"，这是一种特殊的感觉器官。蜥蜴的舌头能搜寻到空气中的气味，然后把它们传递给犁鼻器。犁鼻器上的神经末梢会对气味里的化学物质进行"抽样分析"，这能帮助蜥蜴判断留下此种气味的是猎物还是天敌。

四肢退化

大多数蜥蜴都长有强壮的四肢。但是，有些蜥蜴的四肢长得很小，如三趾石龙子；有些蜥蜴的四肢已经完全退化，如脆蛇蜥和鳞脚蜥。鳞脚蜥经常被误认为是蛇，但是，与蛇不同的是，它们长有眼睑。澳蛇蜥没有四肢，外形与蛇非常相似。它们没有眼睑，像壁虎一样用舌头清洁眼睛。

蚓蜥（以前曾被并入蜥蜴目）属于穴居动物，品种较为丰富，主要分布在非洲、地中海地区和美洲。蚓蜥的四肢已经退化，外形与蚯蚓很像。它们的身上覆有环状鳞片。它们的头部呈楔形，头骨非常坚硬，适于掘地。

防御方式

一旦遇到危险，蜥蜴通常会迅速地撤退到安全地带。有些沙漠蜥蜴能以惊人的速度钻到沙漠下面。大多数岩蜥的身体都很扁，能够挤进岩石裂缝。蜥蜴是自然界中的伪装高手，有些蜥蜴甚至能改变身体的颜色，以适应周围的环境。有些蜥蜴

有时，为了摆脱捕食者，蜥蜴会果断地咬掉自己的尾巴，大约几周之后，它们就会长出一条新尾巴。

的防御策略令人瞠目结舌。例如，当面临威胁的时候，角蜥会从眼睛里喷出血液，这些红色的“眼泪”能射出好几米远。一只被逼进绝境的树栖蜥不仅会有力地啮咬对手，还能利用尾巴进行还击。有些蜥蜴能分泌毒液，以此保护自己。

无奈之下，许多蜥蜴会把尾巴断掉，以求逃命。断掉的尾巴能在原地扭动一至两分钟，这会让捕食者误以为是蜥蜴，从而转移了注意力，蜥蜴则借此机会溜之大吉。

种植和饲养

我们的祖先以采集为生。他们可能会在这儿采摘成熟的李子，在那儿采摘多汁的莓果。他们依赖于野生植物，并且知道在哪儿可以找到它们，以及什么样的果子不能吃。但是，当我们自己开始种植农作物时，一切都改变了。

植物为我们提供了各种各样的食物、药品、原材料、染料，满足了我们种种需求。但是，过去的人们只是依赖野生植物生存，而我们现在已经开始利用植物育种的秘密了，并利用这方面的知识来改变物种，使植物更适合我们的需要。植物育种通常发展、突出了我们喜欢并渴望的一些特有的植物特征。例如，园艺植物的育种技术集中在某些方面增加食用植物。在对水果

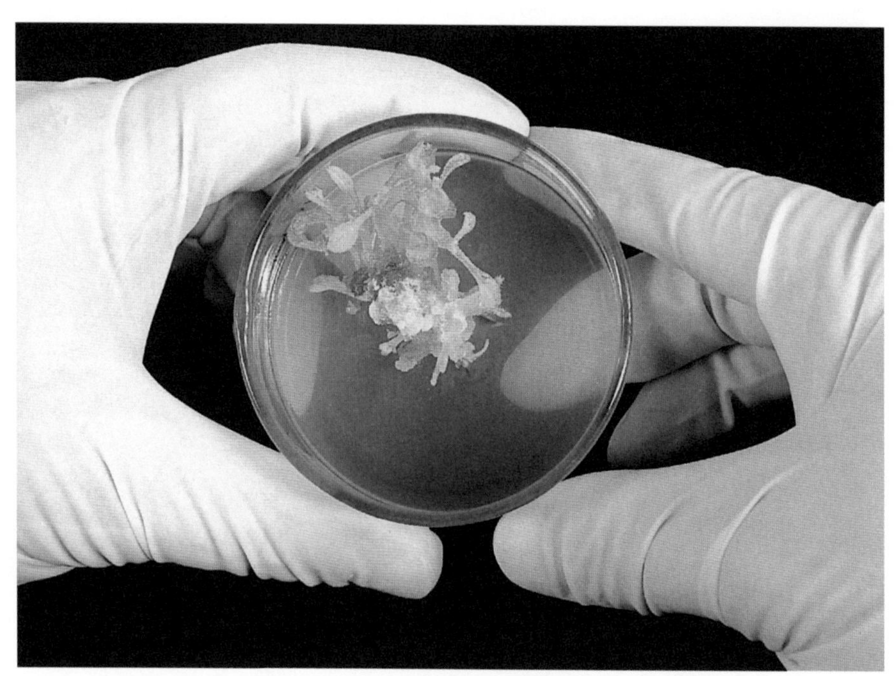

▲ 对微体繁殖来说，不需要有土壤、花粉，甚至整株植物，只需要一些细胞就可以了。这些细胞被放置在那些含有它们生长所需要的盐分、有机物和营养物质的琼脂中。这些细胞会发育成正常的、健康的植物。这些植物可以被移植到花盆中。

和蔬菜的育种方面更是相当不同。人们会种植不同的产品，使它们在顾客眼里看起来更好，尝起来更美味。人们还育种无刺灌木，使它们易于收割。通过育种，使蔬菜和水果的形状与大小更加协调，更易于包装。人们还生产无核水果，让水果和蔬菜的成熟期更为长久，使它们更能够抵抗霜冻等。

植物的育种方式

为植物进行育种的人发展出了大量不同的繁殖植物的方式，并为满足不同的需求而选择这些方式。

大多数新植物都是杂交品种，它们是从两种不同的植物杂交而来的。这两种植物可能完全不一样，以至于它们可以被划分成不同的种类，或者不同的亚种。杂交品种通常是将两种不同植物的一些特定的特征结合起来，或者发展出了另外的新特征，如与众不同的颜色。但是，这些杂交品种有时不会结果，自身也不能够再繁殖。使它们繁殖的唯一办法就是继续以杂交的方式，通过种子使之繁殖。但是，要确保只有相关的个体参与杂交，并要在可控条件下进行人工授粉。例如，我们在超市中发现的不同的生菜和西红柿，它们都是杂交品种，都是从经过仔细选择的种子发育而来的。

▲ 在园艺（公园或者花园中的植物）中，进行植物育种通常是为了让它们生长得一致，都能开出大量的、颜色鲜艳的大花，并能更好地抵抗不良天气。此外，花卉栽培技术贸易，也需要有更好的花朵，开放时间能更长，香味能更好闻。

▲ 金冠苹果被繁殖出来，满足了顾客对苹果大小、香脆、多汁的要求。其他一些种类的苹果也会很好吃，但可能会小一些，汁水不多，或者大小不均。

▲ 科学家正在使用油菜种子，这些种子已经被繁殖出来了，它们能够制造出人类的蛋白质。这被称为分子农业。人们还在一些植物外面罩上了塑料袋子，能够阻击他们不希望被杂交繁殖的东西。这种先进技术对提高繁殖水平非常重要。

营养（无性）繁殖是繁育后代的一种方式，而且繁育出来的后代通常和父体、母体都是一样的。如果一种特定植物繁殖得非常成功，那么，把它和别的品种杂交就是困难的，也是不明智的。在这样的案例中，可以通过扦插进行繁殖。这需要剪掉植物的一部分枝茎，或者修枝，或者只是剪掉一片叶、部分叶，甚至一条根，并把它种植在合适的环境里，比如经过了灭菌处理的肥料堆中。被剪下来的植物会生根，并会繁殖成一株新植物。而它们通常与原来的那株植物是一样的。

组织培养是一种微型繁殖方式。在这种繁殖过程中，整株植物是在无菌条件下从几个细胞发育而来的，这种方法通常用来培育无病的植株。组织内含有一些来自生长锥的细胞，它们还没有变成茎或叶细胞（分裂组织）。它们在皮氏培养皿或者装有营养琼脂的小瓶里被培植着。细胞被繁殖，

收割机

被繁殖的谷类作物重点在于提高产量。这会使谷类作物具有高度抗病的特征，而且能够快速生长，使它们在发芽、生长和成熟方面，具有更多的统一性，能抗干旱等。这些谷类作物允许我们种植更多粮食。而且它们的高度完全统一，更易于被机器收割。

并最终发育成小的没有病体的植物。

植物病毒或者寄生虫在农业生产中具有破坏性的作用，甚至会导致贫穷和饥荒。东非的香蕉曾经受到巴拿马病毒、香蕉叶斑病、象鼻虫等多种病毒的影响，产量大幅下降。但是，通过组织培养，香蕉生产又再次恢复了生命。科学家们将老树干中没有受影响的细胞取出来，制造出了完全没有病毒的香蕉。

坚硬的嫁接

嫁接是把两种植物用物理方法结合在一起。它通常包括修剪，把一株植物的顶端（枝、叶和花朵）粘在另一株植物的底部（根和茎）。根部被称为砧木；被粘接的部分称为接穗。这种技术主要用于乔木和灌木，能把两种植物的特征融合在一起。例如，一株植物茂盛的生长力和强大的根系，可以和另一株植物精美的花朵结合在一起。芽接是一种嫁接技术，但是接穗只是单个芽接。操作时需要将芽连同一部分树皮一起砍下，然后放置在砧木的树皮下。

嫁接的顶端和底部

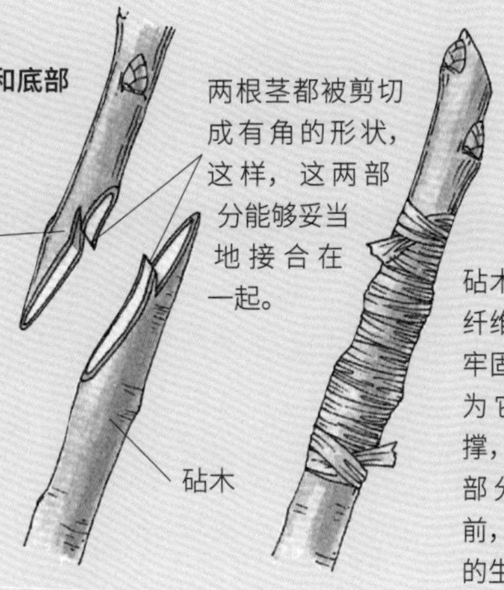

接穗

两根茎都被剪切成有角的形状，这样，这两部分能够妥当地接合在一起。

砧木

砧木和接穗被植物纤维或者塑料带牢牢固定在一起，这为它们提供了支撑，并在被剪切的部分完全愈合之前，防止真菌孢子的生长。

蓓蕾

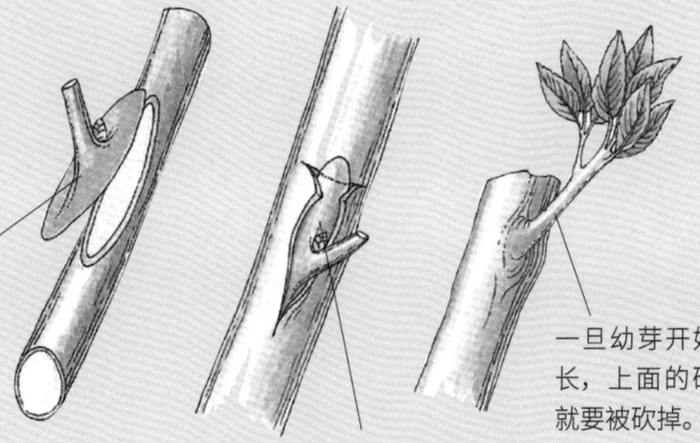

来自当年季节中生长的根茎的单个幼芽，会被切下来。

在砧木的树皮中，剪切的形状如“T”形，幼芽像这样被插进去。同时，在这部分区域内缠上植物纤维。

一旦幼芽开始生长，上面的砧木就要被砍掉。

动物园

在全世界的动物园里，大约生活着3000种陆生脊椎动物。与那些在野外生存的“亲戚”们相比，它们的寿命要长得多，而且伙食也不错。最初，它们几乎都是野生动物。而今，从某种意义上来说，这些动物已经丧失了最基本的权利——自由。

在动物园，动物通常被关在笼子里，或者在它们的活动场地四周筑有围墙，这样游客才会感到安全。人们非常喜欢这些动物，尤其对热带动物感到着迷。一些强壮的大型动物，如老虎、大象和熊等，对老人和小孩同样具有很大的吸引力。

据历史资料记载，早在公元前1000年左右，中国就已经有了动物园，当时被称为“灵囿”。大约在公元前2000年，乌尔帝国国王舒尔吉就已经捕获并饲养了很多动物。事实上，历史上的许多统治者都喜欢喂养野生动物。所罗门国王曾经喂养过孔雀和灵长类动物。古埃及国王托勒密二世也喂养过很多动物。中国元朝的统治者忽必烈也喂养过许多凶猛的动物，如狮子、老虎和河马等。英国第一家动物园建于亨利一世统治时期。最初，动物园建在牛津郡。大约100年后，它被迁到伦敦塔（一座皇家城堡）内。伦敦动物园成立于1828年4月27日，最初只接待英国皇家动物协会的工作人员和他们的朋友。直到1847年，它才开始对大众开放。

动物的“监狱”

传统意义上的动物园是一个集中喂养大型野生动物的地方。生活在早期动物园里的动物对人类有着很大的吸引力。大多数人先前只在一些探险家和动物学家所写的传奇故事里听说过它们。人们还不太了解这些动物的生活习性，也很少去关注它们的喜怒哀乐。如今，即便在一些现代化的动物园里，这种现象也仍然存在。直到最近20年，人们才开始质疑在动物园里喂养动物是否道德。在圈养任何一种动物之前，都必须彻底了解它们的生活习性。有些动物（如狮子）喜欢群居，如果被单独关起来，就会感到孤独。有些动物喜欢在宽敞的空间里活动，如果被限制在狭小的笼子里，对它们来说就是一种折磨。

▲ 有时，动物园里的老虎看上去非常可爱，但是千万不要忘了，它们仍然带有野性。图中这只老虎来自英国一家私人野生动物园。在这种动物园里，老虎伤人事件时有发生。

接受教育

动物园的支持者们认为，在动物园里，人们（尤其是孩子）可以学到有关野生动物和环境保护方面的知识。这种教育是非常必要的。在公众舆论的强大压力下，政府或许能为保护野生动物以及它们的生存环境做一些事情，如制定相关的法律和政策。因此，从某种程度上来说，一些被圈养的动物也为保护野生动物做出了贡献。

▲ 老虎是一种独居动物，它的领地面积非常大，可达几百平方千米。这个动物园把几只老虎关在一个只有几平方米的笼子里，完全忽视了它们应有的福利。

安全但不幸福

1985 年，专家对英国的动物园进行调查后发现，一半以上的北极熊患有精神疾病。调查还显示，有 60% ～ 70% 的北极熊幼崽在生命的第一年里死去，而对那些在野外生存的北极熊幼崽来说，在 1 岁之前死去的仅有 10% ～ 30%。英国专家还曾经对美国的佛罗里达州动物园进行过调查，他们发现园里动物的基本福利和居住条件与州法律所规定的有很多差异。时至今日，世界上仍有很多动物生活在设施简陋、环境恶劣的动物园里。

动物园的支持者们认为，动物生活在动物园里会感到很安全，它们不再面临捕食者的威胁，不再为饥饿和疾病苦恼，也不再是人们的狩猎对象。这些人的观点并没有错，与野生动物相比，动物园里的动物在发育期的非正常死亡率要低很多。但是，他们忽略了动物的生活质量。我们知道，有些人虽然衣食无忧，但并不意味着他们因此而感到幸福。许多人认为，这个道理同样适用于动物园里的动物。

大开眼界

没有围栏

卡尔·哈根伯格在汉堡附近拥有一家动物园。一次，他突发奇想，命人拆去园区里所有的围栏、铁丝线和围墙，取而代之的是隐蔽的沟渠。这样，游客就可以离动物更近一些，看得更清楚一些。但是，动物既伤不到游客，也无法逃跑。后来，很多动物园都采用了这个主意。不过，有些沟渠实在是太隐蔽了，以至于一些动物会不小心掉下去，甚至受到致命的伤害，曾经有几只大象就遭遇过这样的事情。

▶ 美国的圣地亚哥动物园是世界上最先进的动物园之一。在这里，动物的活动空间比较大。图中这群大羚羊正在自己的领地里四处游荡。

如今，许多动物园还打起了保护野生动物的大旗。这些动物园的负责人宣称，之所以在动物园里喂养并繁育那些濒危动物，是为了将来再把它们放回到大自然中。事实上，全世界也没有多少家动物园能够真正保护濒危物种，一些动物园甚至没有人力、财力和专业知识去实施所谓的濒危动物圈养和繁殖计划。野生动物经过人工饲养一段时间后，其野外生存能力会大大降低，因此即便又被放回到野生环境中，它们的存活机会也不大。而它们的后代被放回野外后，存活的机会更是微乎其微。

伸出援助之手

有些动物不适合圈养繁殖，如果圈养繁殖，它们的后代通常不能存活。为了解决这个难题，人类研究出各种各样的方法。采用“交换养育”的方法能够帮助那些不愿意或者没有能力照看后代的珍稀动物。它们的后代会被带到“养母”（雌性动物或者与它们有亲缘关系的物种）那儿，由养母养大。有些种类的动物在人工饲养条件下可以成功交配，但是雌性动物在产卵后仍然不会去孵卵，这样就需要采用人工孵化技术替它们孵卵。工作人员把这些动物的卵放到适于孵化的环境里，当卵被孵化出来后，他们仍会细心照看。这种技术已经成功地应用在某些两栖动物（如乌龟）和鸟类的繁殖中。

对一些非常稀有的物种（如大熊猫）来说，由于数量极其稀少，有时会面临没有配偶与之交配的困境。即便一些动物找到了配偶，但在某种压力下也会丧失在人工环境里交配的兴趣。如果出现这些情况，就需要采用人工授精的方法辅助动物生育，即通过人工的方法将雄性动物的精子取出，然后使之与雌性动物的卵子结合，从而帮助雌性动物怀孕。

有时，利用胚胎移植技术能够提高珍稀动物的繁殖速度。雌性动物在某种特殊药物的作用下，产卵数量会明显提高。“额外”的卵经过人工授精后，被植入与这种动物有亲缘关系的其他雌性动物体内。然后，其他雌性动物就会替这个珍稀动物生育后代。这种技术已经成功地应用在肯尼亚林羚、野马和印度野牛的繁殖中。

▲ 大熊猫是极其珍贵的濒危动物，在中国很多城市的动物园中都能看到它们的身影。动物园不仅将它们保护性地圈养起来，还努力创造更接近它们野外生存需求的环境，并通过各种技术手段帮助它们繁殖。这对保护和延续大熊猫种群都有着非常积极的意义。

“新”动物园

但是，并非所有的动物园都将动物饲养在恶劣的环境中。社会各界越来越关注濒危动物的生存状态，还提出很多保护措施。如今，一些动物园也积极响应，并集中力量保护那些濒临灭绝的物种。虽然在这些动物的活动场地四周还建有围栏和围墙，但是它们的活动空间越来越大，并且尽量模拟了它们在野生状态下的生活环境。面对社会压力，一些动物园向公众承诺将全力保护濒危物种，这才得以生存。

动物园越来越关心动物的生活质量，不再一味地取悦游客。工作人员为猴子准备了很多玩具、绳子和秋千，甚至还建造了一些攀爬设施，使它们的生活变得丰富多彩。喜欢群居的动物也拥有了广阔的活动空间，并在那里过着集体生活。例如，英国惠普斯奈德野生动物园的园区

▲ 动物园里的动物来自世界各地。为了防止外来动物将疾病传染给当地动物，动物园通常会让兽医对它们进行体检。图中这名兽医正在为那些从外国引进的骆驼注射疫苗。

面积非常大，成群结队的狼在园内四处游荡。园内还有专门为狼群设计的洞穴，这样母狼就可以在洞里产下幼狼并照看它们。在这种动物园里，野生动物能够长得更健康。

为了实施濒危动物圈养和繁殖计划，一些动物园在人力、设备和科研方面都投入了大量资金。这个计划的主要内容是在人工环境下繁殖动物，如果需要的话，也将对它们进行人工繁殖。人们越来越关注环境问题，同时也希望越来越多的动物园能把主要精力投放到对珍稀物种的恢复和保护上。他们还认为，仅仅为了娱乐大众就把动物圈养在笼中，以致一些原本就已经稀少的物种即将灭绝，这样的行为是不正当的。可见，动物园的未来将取决于对动物的保护程度。

▲ 许多动物都有自己独特的饮食习惯，生活在澳大利亚的树袋熊就只吃桉树叶。虽然桉树的种类有很多，但是树袋熊只对极少数树种感兴趣。如果本国没有种植桉树，那么饲养了树袋熊的动物园就必须从国外进口桉树叶。

水族馆

如今，水族馆与动物园一样也在尽全力保护珍稀物种，尤其在繁育和保护珍稀鱼类方面扮演着重要角色。由于生存环境受到破坏，水质遭到污染，热带鱼和淡水鱼都在逐渐消失。随着宠物业的快速发展，人们对热带鱼的需求越来越大；近年来，热带鱼赖以生存的珊瑚礁也遭到严重破坏，这些都使得热带鱼类面临着灭绝的威胁。有些渔业经营者采用一些新技术喂养和繁殖鱼类，而这些经过人工饲养的鱼（如鲑鱼）常常会批发出售。同样的技术也可以帮助水族馆喂养和繁殖珍稀鱼类。对宠物业来说，也可以利用这些技术繁殖热带鱼，只有这样才可以保证货源的充足。

拯救珍稀水生动物

生活在北美洲淡水水域里的斑鲦，以及生活在非洲维多利亚湖里的丽鱼，经过人工饲养繁殖后数量已经增加。当年，由于人们引进了以丽鱼（见图）为食的尼罗河尖吻鲈，使得维多利亚湖里的丽鱼濒临灭绝。对水族馆来说，之所以饲养和繁殖珍稀水生动物，是为了将来再把它们放回到野外。但是，只有这些水生动物的野生环境不再遭到破坏和污染，这个目标才有可能实现。

由于海水遭到严重污染，人类又滥捕乱杀，许多海洋哺乳动物也濒临灭绝。在水族馆里，人们通常可以观赏到海豚和海豹的精彩表演，这不但能提高人类保护海洋动物的意识，同时也能筹集到海洋动物保护资金。水族馆也是其他海洋动物的避难所，如海洋软体动物，它们因为长着美丽的贝壳，而常常遭到人类的过度捕捞。

家养牲畜

由于需要，古人成为猎捕野生动物的专家。慢慢地，他们学会了驯养一些动物。他们把这些动物喂养起来，满足自己的各种需要。

根据需要把动物驯养成家养牲畜，用它们生产食物、衣物，以及其他产品，可以追溯到大约 8000 年前。人们在学会种植庄稼之前，就已经会喂养动物了。早期的农民驯养野生动物，成群地饲养它们，让它们为自己提供肉食、奶、兽皮和毛。于是，一些人成为牧民，而不再是农民。为了寻找新的牧场，他们不断地驱赶自己的动物迁徙，或者跟随那些迁徙的牧群。

被人类作为牲畜饲养的主要动物有牛、绵羊、山羊、猪、鸡、鸭、鹅、火鸡和马。像马和牛这样的动物，饲养它们不仅是为了获得肉、奶等产品，而且它们还帮着农民干活。也有一些别的动物被人饲养，如鹿、骆驼、骆马、羊驼、鸵鸟，但这些动物并不像猪、牛、羊这些传统家畜一样，被培育成各种各样的品种。在一些案例中，对物种的驯养和培育总是回到原地，例如大羚羊这样的野生动物，早已适应了自己的生存环境，人类只能任其按它自己的方式发展、进化。

▲ 许多狗都是被养来在农场工作的。柯利犬经过训练和练习可以把羊驱赶在一起。它们在跑的时候，身子会低伏在地面上，轻轻推挤羊，而不会引起羊群的恐慌。

家禽

有4种鸟类被人们称为家禽，它们是鸡、火鸡、鸭、鹅。这些家禽都是从野生品种繁殖来的。鸡是亚洲丛林野鸡的后代。许多家鸭都来源于野鸭，但最受欢迎的美洲家鸭的祖先是南美品种。火鸡起源于北美的猎鸟。

▲ 这种公鸡在世界各地的农村中都能看到。小鸡在农场里四处啄食，寻找虫子和其他美味食品。人工饲养的母鸡都由机械自动喂食、喂水，并利用人工光线使它们产蛋。

几十个世纪以来，好几种不同的牲畜一直都在进化。最初，只有在部落迁移或者军队征服新的土地时，不同种类的牲畜才会被混杂在一起。血统混合，使一些杂交品种发展成特殊品种。牧民们后来发现，他们可以通过让最好的动物进行同系繁殖或者杂交繁殖，有意识地提高牲畜的质量。

近年来，人们对农场里的动物进行有选择性的、科学的繁殖，提高品种的质量，制造出一些能满足不同需要的新品种。例如动物可以被杂交繁殖，制造出来的后代能提供大量的奶，或者有大量的肌肉和脂肪，或者对恶劣环境具有良好的耐力。当一种特征被改善，其他特征就可能会恶化。例如芬兰的兰德瑞斯羊多产（能生育出大量后代），但它们经常产下死胎，而且不能耐受潮湿的气候。

家养牛

尽管野牛数量稀少，但是家养牛遍布世界各地，而且它们的种类和数量都很多。在早期的人类文明中，牛是一种重要牲畜。今天，人们把牛饲养起来吃牛肉、喝牛奶、干农活儿。通过仔细的选择和繁殖，许多品种的牛一直都在不断改善。这些牛主要有两大类：肉牛和奶牛。

在欧洲，人们在传统意义上把牛的饲养和繁殖分成了两类：一种用来吃肉；一种用来产奶。

那些专门用来大量产奶的奶牛，如泽西乳牛和格恩西奶牛，如今都已逐渐让位于为肉食和产奶双重目的饲养的牛，如弗里斯兰奶牛。这种牛能大量产奶（每年产 5000 ～ 10000 升奶，是野牛的 10 倍），而且体形大、多肌肉。纯种的弗里斯兰小牛能提供高品质牛肉。

肉牛品种体形较壮、腿短，后腿尤其结实粗壮。与奶牛相比，专为食肉而饲养的牛，必须要在尽可能短的时间内使之增肥。大多数雄性肉牛都被阉割了。不需产奶的小母牛也被当作肉牛饲养。肉牛品种一般都结实、耐风、耐寒冷。特殊的肉牛品种一般都被饲养在高地农场中。

▲ 当这些奶牛吃着丰富的草料时，它们的乳房会慢慢膨胀。为了产奶，奶牛每年都必须生小牛。奶牛理想的体形是楔形的，与前腿相比，它们的后腿又长又宽。

稀有的奶牛

与肉牛相比，奶牛体重较轻，体形稍瘦。像凯尔特牛这种古老的英国品种，如今已不多。动物保护主义者致力于保护稀有品种。爱尔兰牛如今只生活在部分地区，而且数量不多。

德克斯特牛不仅产肉，也产奶。它重约 300 千克，腿短。与大型牛相比，它的食量大约只有一半。它们容易被饲养，能够在草料质量较差的牧场中生存下来。

爱尔兰的莫拉德牛是英国最稀有的一种牛，从来没有在阿尔斯特以外的地区被发现过。这种牛没有牛角。

爱尔兰西南地区的黑色小乳牛是专门产奶的奶牛，它的产奶量极高。它是黑色的，重达 370 千克，适合小农户喂养。

有名的肉牛品种

在欧洲和美洲，赫里福德肉牛、苏格兰食用牛和短角牛，都是很受欢迎的肉牛。它们成熟得快、重量大、肉质好。法兰西肉牛，如栗子色的利木赞牛和奶油色的夏洛莱牛，也很受欢迎，因为它们生长速度快，后腿多肉。它们经常被用来和其他品种杂交。意大利的契安尼娜牛体形巨大、白色、瘦、腿长，它是所有牛中最大的一种。最初，人们把它们饲养来拉犁，由于它们肌肉发达、温顺，逐渐成为一种高品质肉牛。在所有牛中，最小的是德克斯特牛，重达 300 千克左右。因为腿短，它们看上去像牛中的侏儒。它们原本生活在爱尔兰西南部地区。这种牛在小型的农场很受欢迎。

热带的牛

与欧洲饲养的牛相比，热带非洲和亚洲的许多牛种都较小。但是，热带地区的牛种适应了高温、干旱环境，对热带地区的疾病有抵御能力。热带的牛种也能生活在低劣的草场中，比如粗草，因为它们有巨大的胃。与它们相比，欧洲牛种的胃要小很多，而且一旦它们吃低劣的草料，就会迅速减轻体重。

英国的肉牛

现代的英国牛种是从 18 世纪时的牛种发展而来的。人们通过选择性繁殖，培育出了很多不同的品种，它们能够适应并满足人们不同的需求。肉牛肌肉强健、腿短。

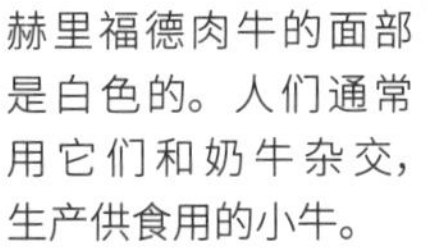

赫里福德肉牛的面部是白色的。人们通常用它们和奶牛杂交，生产供食用的小牛。

短角牛体形大，成熟早。它的颜色多种多样，有红的、红白相间的或花色的。深花色的最普遍。

林岛菜牛是在 20 世纪被培育出来的，它是苏格兰高原牛和短角牛的杂交品种。

贝尔德 - 哥劳卫牛是一种古老的苏格兰品种，它们的皮毛厚重，需要剪毛。

夏洛来牛首次被引进英国是在 1961 年。这种牛能产高质量的牛肉和大个儿的小牛。

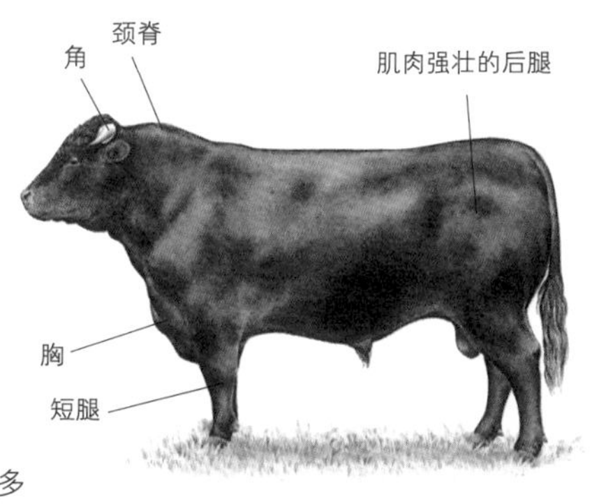

威尔士肉牛是一种多用途的牛。

高原牛适应寒冷、多风的气候条件，它们长着蓬松的、与冷空气绝缘的毛。

苏格兰肉牛由于高质量的牛肉而世界闻名。

南德温牛是英国本地最大的牛，一头公牛约重 650 千克。

羊和猪

人们饲养绵羊的历史与牛一样长。今天，有数百种不同的绵羊。大多数家养绵羊都来源于美索不达米亚地区（西南亚），这儿的绵羊约在公元前 8000 年就开始被人驯养。由于军事征服和人类的游牧活动，这些品种慢慢扩散到世界各地。

人们也为了特定目的对绵羊进行选择性繁殖，如食肉、喝奶、帮助干活等。这又产生了能适应不同气候、地形，以及农民们不同要求的不同品种。这些绵羊有一些适应了粗糙的高地，有一些适应了低地牧场，有一些能在干旱的山区生活下来。在炎热、干旱的国家里，卡拉库耳大尾绵羊很受欢迎，因为它们能够适应粗糙、干旱、植被稀疏的环境。山羊甚至更能适应干旱的、多灌木的、陡峭的地区。许多山羊品种都是为了肉和奶而被人饲养。人们用这些羊奶来制作奶酪和酸奶。土耳其的安哥拉山羊因它像丝一样的、卷曲的羊毛而受欢迎。瑞士的沙嫩奶羊因为能大量产奶而受欢迎。

家猪仍保留着许多野猪的特征。它们皮毛粗糙，长有刚毛，尤其是在肩部，而且牙齿也令人恐怖。成年野猪长有能自卫的犬牙。不同品种的猪，颜色也有差别。比如，越南大肚猪这样

羊毛和羊绒

绵羊通常被饲养来吃肉。小羊通常很肥，很小就会被吃掉。在一些地方，人们也吃较老的羊的肉。除了肉，羊还能提供奶，羊奶可以被用来制作乳酪和酸奶。羊毛含有羊毛脂，可以被用来制作冰激凌和油膏。据说美利奴羊的羊毛是最好的。绵羊的羊毛每年都会被修剪，它们含有大量的、天然附着在一起的羊毛纤维。成簇的羊毛纤维被称为羊绒。羊绒的长度意味着羊毛纤维的平均长度。

不同特征的绵羊可以用几种不同的方式进行分类。生活在山地中的品种体形结实，多数都是为了羊毛而被饲养。在另一方面，低地绵羊通常是为了食肉而被饲养。尽管它们的羊毛也很有价值，但那些多脂肪的小羊更值钱。

苏格兰黑面羊有一个显著的罗马式鼻子和角。它们的面部有不稳定的白色花纹，羊毛长而粗糙。

温斯利戴尔绵羊的羊毛长而卷曲，一直垂到它们蓝灰色的面部上。

斯瓦德尔绵羊的面部是黑色的，有角，口鼻部呈白色，腿部花纹斑驳，羊毛很粗糙。

萨福克羊的体形较长，面部和腿都是黑色的。

安哥拉山羊原产于土耳其，现在也生活在澳大利亚、新西兰、南非和北美一些地区。它们身上的羊毛如丝一样卷曲，展开长达20厘米，深受人们欢迎。人们用这种羊毛纺织马海毛织物和其他昂贵的毛织产品。

的有色猪，能够耐受炎热的阳光，而大多数英国猪是白色的，不能忍受日晒，在强烈的阳光中，它们必须为自己寻找阴凉之地。

猪能吃，长得也快。它们天生不偏食，能吃各种食物，从植物的根和幼虫，到厨房里的剩饭剩菜。农民们养猪是为了吃肉，做熏肉、香肠、火腿、馅饼，以及罐头食品。在欧洲，每一种猪都有主要用途，要么供人吃鲜肉，要么用来做熏肉，或者具有双重目的，而且它们都有各自的明显特征——不仅在外形上，也包括它们的耐力和性情。许多猪全年都在猪圈内饲养，也有一些地方的猪在户外放养。有一些品种，比如白肩猪、大黑猪、塔姆沃思猪、巴克夏猪（一种英国白肩猪），以及它们的杂交品种，都在农村中自由放养。

布朗德曼戈利兹猪的毛最多，它是来自匈牙利的一个稀有品种。这种猪健壮、多毛，喜欢户外生活。它们会四处搜寻，挖掘根茎、虫子、废料和蜗牛。大多数品种的猪都被饲养来吃肉，人们把它们关在猪圈中，用谷类食物喂养。

猪肉探测器

英国猪来源于当地野猪，以及 18 世纪时从中国引进的猪。人们饲养猪是为了吃猪肉和熏肉，有些猪也具有多种用途。

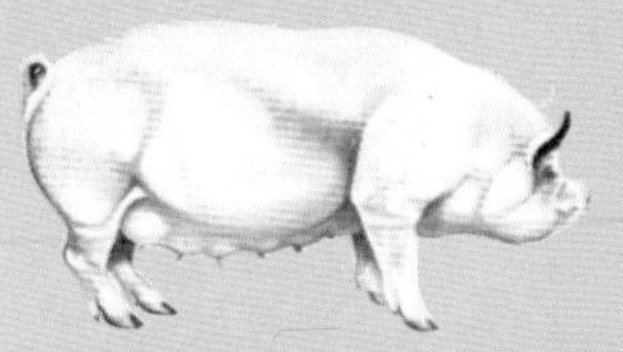

中型的约克郡猪是大白猪和小白猪（已经灭绝了）的杂交品种。

大黑猪是一种户外放养的品种。

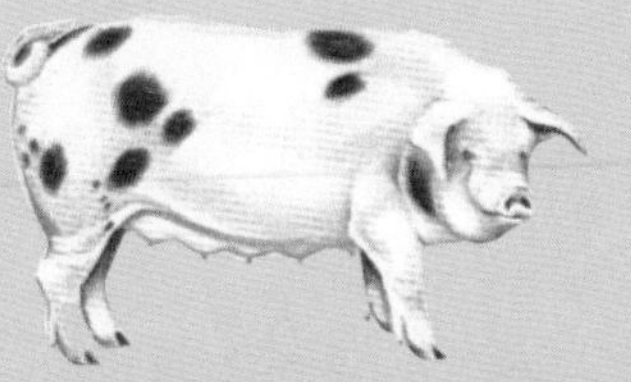

巴克夏猪（英国白肩猪）具有多种用途。

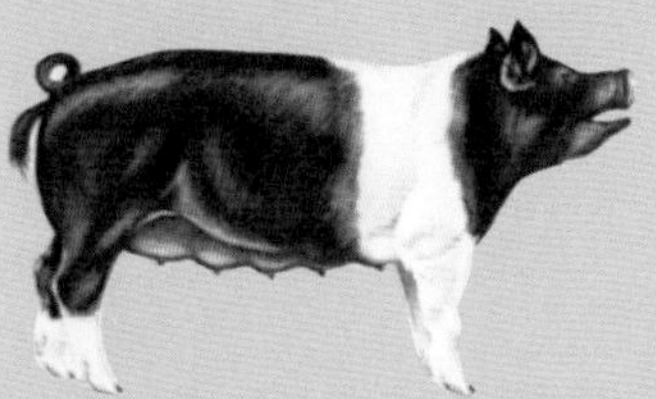

汉普夏猪是从北美引进的，被用于杂交。

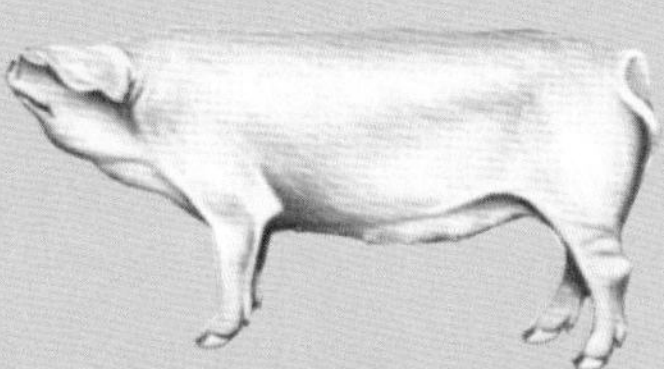

英国的兰德瑞斯猪主要被用来杂交。温顺的大母猪是一位很好的母亲。

波克夏猪早熟，主要用于食肉。在 18 世纪和 19 世纪时，它们被大量饲养在泰晤士河谷中。

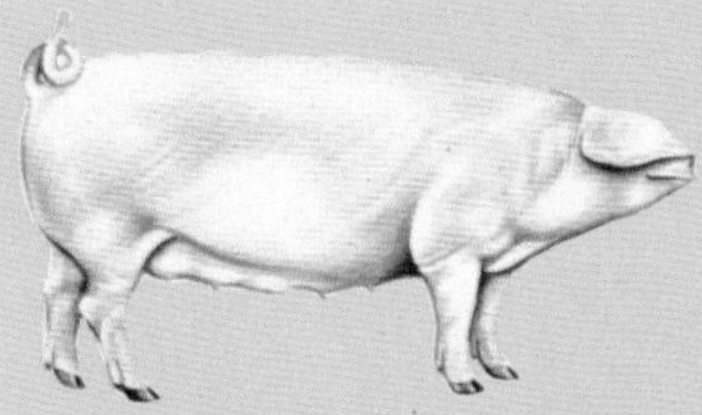

威尔士猪品性驯良，一窝能产 9 头小猪。

英国白肩猪是在 1967 年被培育出来的，是艾塞克斯猪和威斯特猪的杂交品种。

塔姆沃思猪是一种古老的品种，有金红色的皮毛。它们都是在户外放养的猪。

五彩缤纷的家禽

鸡、鸭、鹅、火鸡都被称为家禽，它们生活在世界各地的农村中。家禽最初是在中国出现的，那是在公元前 1400 年左右。公元前 300 年，它们从中国被引进到希腊。公元前 100 年，它们又传到西欧和英国地区。

人们喂养家禽是为了吃肉或蛋。有一些家禽是为了既吃肉又吃蛋才喂养的。一些独特的鸡，如矮脚鸡和特兰西瓦尼亚的裸颈鸡，是因为样子而受到选择，尽管人们也吃它们的肉和蛋。下蛋的鸡有：安科纳小鸡、来亨鸡、怀恩多特鸡和安达卢西亚鸡。奥品顿鸡、苏塞克斯鸡、狼山鸡、洛岛红鸡、麦兰鸡都是多用途的品种。餐桌上的肉鸡体形大，长速快，如多径鸡、伯黑斯鸡。人们养鸭也是为了吃肉和蛋。卡基康贝尔鸭一年能产 300 多个蛋，印度跑鸭产 180 个蛋。爱斯勃雷鸭和北京鸭都是肉鸭。

负重的牲畜

在拖拉机出现前，农民们依靠动物拉犁、拉大车和货车。最初，人们用牛干活，后来在许多国家里也开始用马匹。人们培育出了许多用来干活的马，包括波斯的里海马和康尼麻拉马这样的小型马。在艰苦的农场中，它们被用来拉载重物。中世纪时，在比利时和佛兰德斯，人们又培育出了体形更大的、用来拉货的马。这些马与其他国家的马杂交，生育出了大量有特色的马，有些品种直到今天还能见到。夏尔马的雄马高约 1.73 米，重约 1000 千克。这种马非常强壮、可靠，它的祖先是专门运载武士上战场的大型战马。强健的挽马长腿，体形纤细、灵活，后腿上有长长的马鬃毛。佩尔什马是一种矮小、干练的法国马，它不但强壮，而且有很好的耐力。栗子色的萨克福庞奇重型马速度快，有力量。

▲ 图中这名农夫在后面推着直直的犁，两匹强健的挽马在前面拉犁。负重型的马，如强健的挽马、佩尔什马和比利时马，都被人们用在农场里干活。

▲ 骡子很强壮，在炎热的气候中和坎坷的路面上，它们比马匹更适宜拖拉货物。骡子是驴和马的杂交品种，通常不育。